교장 선생,
배낭 메고
세상과 만나다

교장 선생, 배낭 메고 세상과 만나다

발행일	2018년 12월 14일

지은이	김 진 호		
펴낸이	손 형 국		
펴낸곳	(주)북랩		
편집인	선일영	편집	오경진, 권혁신, 최예은, 최승헌, 김경무
디자인	이현수, 김민하, 한수희, 김윤주, 허지혜	제작	박기성, 황동현, 구성우, 정성배
마케팅	김회란, 박진관, 조하라		
출판등록	2004. 12. 1(제2012-000051호)		
주소	서울시 금천구 가산디지털 1로 168, 우림라이온스밸리 B동 B113, 114호		
홈페이지	www.book.co.kr		
전화번호	(02)2026-5777	팩스	(02)2026-5747

ISBN	979-11-6299-451-1 03980 (종이책) 979-11-6299-452-8 05980 (전자책)

이 도서의 국립중앙도서관 출판예정도서목록(CIP)은 서지정보유통지원시스템 홈페이지(http://seoji.nl.go.
kr)와 국가자료공동목록시스템(http://www.nl.go.kr/kolisnet)에서 이용하실 수 있습니다.
(CIP제어번호: CIP2018040509)

(주)북랩 성공출판의 파트너

북랩 홈페이지와 패밀리 사이트에서 다양한 출판 솔루션을 만나 보세요!

홈페이지 book.co.kr · **블로그** blog.naver.com/essaybook · **원고모집** book@book.co.kr

호 기 심 과 열 정 으 로 채 운 세 계 여 행

교장 선생,
배낭 메고
세상과 만나다

김진호 지음

평생 가르치는 일을 업으로 삼았지만
마음속에서 저절로 샘 솟는 호기심을
누를 길 없어, 나는 걷고 또 걸었다.
그리하여, 마침내 나는 여행이 곧
길 위의 스승임을 깨닫고 더 나은
세상을 향해 한걸음 내딛게 되었다!

북랩 book Lab

차례

01. 여행 출발의 이유

"두려움으로 인간은 종교를 만들었고,
호기심으로 인간은 문명을 발전시켰고,
설렘으로 인간은 역사를 만들었다."

내가 여행 중 생각하고 생각한 끝에 내린 결론이다.

나는 혼자 여행을 다니면서 24시간 동안 오로지 나에게만 주어진 그 많은 시간과 공간 속에서 생각하고 또 생각했다. 만약 내가 사는 마을 앞에 만년설의 설산이 있다고 가정하자. 대부분의 사람은 도저히 넘을 수가 없다고 생각하여 두려움에 설산을 신으로 숭배하기 시작했다. 높고 높은 설산에는 신비한 색의 구름도 걸려 있고 때때로 보이기도 하고 안 보이기도 한다. 정말 두려운 존재인 것이다. 사람들은 그곳은 신의 영역이라 생각하고 적당한 시기에 축제로 신을 달랬다. 그런데 그 인간들 중 누군가가 호기심으로 설산에 오르기 시작했다. 그는 조금씩 어려움을 극복하면서 산을 오르기 시작했다. 그 어려움을 극복하는 데는 많은 도구가 필요했다. 신발이 필요했고, 옷이 필요했고, 불이 필요했고, 산소가 필요했다. 먹을 것을 운반하는 도구가 필요했고 문자와 그림으로 된 지도가 필요했다. 차차 문명의 발달을 통해 드디어 설산 정상에 오를 수 있었다. 그 설산 정상에 다녀온 인간이 설산 너머의 경치를 이야기했다. 그의 이야기를 들은 인간들 중 몇 명의 가슴은 설렘으로 가득 찼다. 그들은 설산 너머의 경치 이야기에 가슴이 뛰었다. 그들은 설산을 넘기로 하고 준비했다. 많은 인간이 말렸지만, 그 설렘을 포기하게 할 수는 없었다. 그들은 가서 돌아오지 않았다. 그러나 그들은 새로운 인간의 역사를 만들고 있었다. 설렘은 과거와 현재를 잊게 하는 마약이다. 설렘은 오직 내일만을 생각하게 한다. 내일을 생각하면 밤에 잠을 설친다. 지금도 인간은 현재의 장소에서 먼 곳으로 떠나는 전날 밤은 잠을 설친다. 인간은 설렘으로 배를 만들었고, 자동차를 만들었고, 비행기를 만들었다. 드디어 인간들은 그들이 사는 둥근 지구를 설렘으로 돌아다닐 수 있게 되었다. 여행은 과거와 현재를 잊고 설렘으로 내일을 맞이하는 행복한 날의 연속인 것이다. 여행에서 즐겁지 않고 힘들고 어려우면 지금의 장소에서 즐거움과 행복을 찾으면 된다.

〈서쪽으로 가기 위해 가장 동쪽인 석굴암 부처님을 참배한 후 찍은 사진〉

〈대한민국 여권〉

〈중국 비자〉

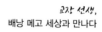

〈출입국 도장들〉

〈유레일 패스와 사용 현황〉

〈여행 도우미들〉

〈휴대용 컴퓨터(휴대폰 분실 후 유용하게 사용)〉

〈사용한 카드들〉

〈귀국 항공권〉

〈집으로〉

〈가장 고생한 신발〉

02. 짐 싸기

여행 가방 짐 싸기는 정답이 없다. 단 한 가지 정답은 '가지고 간 많은 물건 중에는 한 번도 사용하지 않고 집으로 가져오는 물건이 꼭 있다'는 것이다.

우리의 인생에서도 마찬가지다. 우리 주변에는 많은 것들이 굳이 필요하지 않으면서도 함께 가는 것들이 있다. 그래서 버리는 것이 중요하다. 여행자를 만나 그의 가방을 보면 그가 초보인지, 전문가인지 금방 알 수 있다.

장기 여행자는 필요한 물건은 현지에서 가장 적합한 것을 구한다. 그리고 동물의 보호색처럼 빠른 현지화는 여행의 즐거움을 더해 준다.

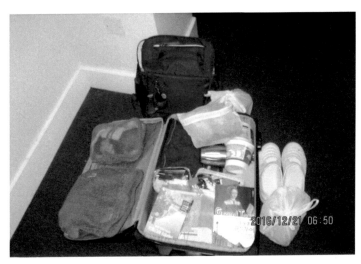

〈여행 짐에서 가장 무거운 것은? 정답: PC, 다음은 가이드 책〉

03. 나의 여행 일정

　인생을 공식대로만 살 수 없는 것 같이, 여행도 정해진 일정만 따라서 가면 그 재미가 반감된다. 어느 장소에서 얼마 동안 머물 것인가는 컨디션, 경비, 날씨, 교통 사정 등의 많은 변수가 있기 때문에 여행 계획을 너무 의식하면 안 된다. 특히 나라마다 교통수단, 인구 등의 차이가 있기 때문에 여행은 절대 계획대로만 움직일 수 없다. 그래서 여행을 많이 하면 모든 일을 서두르지 않고 천천히 준비하며 기다리는 데 도사가 될 수 있다. 그 점이 배낭여행의 장점 중 하나다.

04. 숙소와 구경 장소 찾는 법

휴대폰이 없었던 시절의 숙소와 구경 장소 찾는 법은 다음과 같았다. 먼저 도착하는 도시의 버스정류장과 기차역 주변의 호텔에 숙소를 잡는다. 짐을 풀고 정리를 하고 나면 밖으로 나와 시내버스 중 하나를 골라 무조건 타고 종점까지 가 본다. 역에서 출발하는 버스는 대부분 시내의 중요한 지점을 경유하기 때문에 종점까지 가는 동안 그 도시의 중요한 도심, 관광지, 큰 시장을 대부분 경유한다. 그리고 되돌아와서 다른 시내버스를 타고 다시 종점까지 갔다 오면 그 도시의 상태를 완전하게 알게 된다. 그러면 다시 숙소로 돌아와 준비한 지도를 펴 놓고 구경하는 노선을 정한다. 즉, 버스를 타고 어디에서 내려 구경하며, 어떤 시장에 내려 점심과 저녁을 먹을 것인가를 여러 코스 중 가장 효율적인 코스를 정하여 짜는 것이다. 그리고 충분한 휴식을 취한다. 다음날 어제 계획된 코스대로 구경하고 시장 구경과 함께 현지 음식으로 식사를 한다.

휴대폰이 발달한 요즈음은 지도 애플리케이션(application, 이하 앱)과 숙소 찾는 앱을 이용하여 쉽게 예약을 하고 다닐 수가 있어 여행자의 천국이 되었다. 여행자도 각종 여행 지도 앱을 신이라 여기고 신의 인도로 갈 길을 밝혀 갈 수 있게 되었다.

〈유스호스텔 앱에서 YHA London Thameside를 찾아 예약한다〉

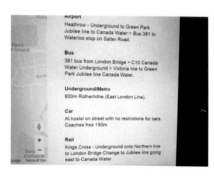

〈적절한 교통수단을 이용하여 찾아간다〉

〈유스호스텔 내의 숙소(하룻밤 숙박비 평균 8,000원)〉

교장 선생,
배낭 메고 세상과 만나다

05. 여행과 바가지

　여행과 바가지는 친구 중에서도 가장 친한 친구다. 바가지를 극복하는 방법은 없다. 그래서 중국인들의 가격을 명심할 필요가 있다.

　중국인들의 상품 가격은 같은 물건에 대한 4개의 가격표가 있다고 한다.

　첫째, 부모에게 파는 가격, 둘째, 형제에게 파는 가격, 셋째, 상인에게 파는 가격, 넷째, 손님에게 파는 가격이 그것이다.

　즉, 내가 산 가격은 손님에게 파는 가격인 것이다. 그들이 아무리 많은 바가지를 씌웠더라도 손님에게 파는 가격이기 때문에 나는 돈을 줄 수밖에 없다. 그래서 나는 더 이상 가슴 아파할 이유가 없다. 그러나 나도 인간인지라 바가지를 썼다는 것을 알게 되면 엄청난 후회와 가슴앓이를 했었다.

06. 여행과 관광

여행과 관광을 어떻게 구별할까?

내가 내린 결론은 관광은 가이드를 따라다니는 것이고 여행은 혼자 다닌다는 것이다. 만약에 두 친한 친구와 함께 여행을 갔다 왔다면 분명히 한 친구는 여행을 했고 한 친구는 관광을 했다. 함께 간 친구들이 모두 여행을 하려면 어떻게 하면 관광이 아니고 여행이 될 수 있을까? 아주 쉬운 방법이 있다.

목적지에 도착한 후 함께 잠을 자되, 다음날 구경은 각자 한 명씩 따로따로 가는 것이다. 그리고 저녁에 돌아와 각자의 경험을 이야기하면 각자 멋진 여행이 될 것이다. 우리가 흔히 사용하는 '수학여행', '졸업여행', '패키지여행'이라는 단어는 잘못된 단어다. 여행을 관광으로 바꿔야 한다. 가이드를 따라다녔기 때문이다.

여행은 각자의 눈으로 사물들을 보고 자기가 느끼는 만큼 느끼는 것이다.

호기심과 설렘이 없으면 호텔 밖으로 한 발자국도 나가지 못하는 법이다.

07. 바람(風)과 치유

인간의 주변에는 천연 치료 약이 많이 있다. 식물들 중에서도 인간이 수만 년 동안 검정한, 즉 임상시험을 완료한 식물을 약초라고 한다. 나는 바람의 치유에 관해 생각해 보았다. 생각 중에 우리나라 전통 생활방식을 나타내는 '풍수지리설'이라는 용어에 대해서 왜 '물', '지리'보다 '풍'이 제일 먼저 왔는지에 대해서도 의문을 가졌다.

인간은 물 없이는 살 수 없다. 그런데 가장 중요한 '수'를 가장 앞에 놓아 '수풍지리설'이라고 부르거나 혹은 '지리'를 가장 앞에 놓아 '지리수풍설'이라 부르지는 않는다. 아마 우리가 무의식적으로 '풍수지리설'이라고 사용했기 때문일 것이다.

또한, 얼마 되지 않았지만 우리는 '화병'이라는 용어를 오랫동안 사용해 왔다.

지금은 외국어 남발 시대가 되어 '스트레스'라는 용어는 생활용어가 되었다.

스트레스는 "쌓인다."는 말과 "푼다."라는 말과 함께 사용된다.

스트레스는 제1차 산업혁명 시대에는 안방마님에게만 나타나는 증상이었다. 남자들에게는 나타날 수가 없었다. 왜냐하면 남자들은 '바람', 즉 '풍'과 밀접한 관계가 있기 때문이다. 남자들은 태양과 바람이 있는 바깥에서 거의 모든 인생을 보낸다. 그래서 '바깥양반'이다. 그러나 바람이 없는 안방에서 인생을 보내는 마님에게는 모든 일이 스트레스가 쌓이는 일이었다. 그런데 제2차 산업혁명 이후에는 모든 인간에게 스트레스가 쌓이기 시작했다. 공장이나 실내에서 같은 일을 반복하게 되면서 말이다. 스트레스에는 원래부터 적용할 수 있는 약이 없었다. 지구상의 유일한 치유 방법은 '바람'이었다.

지금부터 왜 스트레스에는 '바람'이 '치유 방법'인지 예를 들어 설명해 보고자 한다. 우리나라 사람과 많은 사람이 제주도로 여행을 가려고 하는 이유는 제주도에 가면 스트레스가 가장 빨리 풀리기 때문이다. 이유는 단 한 가지다. 제주도에서는 어디를 가든지 '바람'을 만나지 않는 곳이 없다. 섬의 가운데에는 가장 높은 한라산이 있고 낮은 오름만 있기 때문에 바닷바람이 막힐 곳이 없다. 스트레스는 우리 몸에 조금씩 쌓이는 '고기 비늘'과 같다. 스트레스가 쌓이고 쌓일수록 고기 비늘은 점차 조금씩 자라나 우리 몸과 마음을 덮게 된다. 그리고 더욱더 쌓이면 마침내 장수의 무거운 갑옷과 같이 우리 몸과 마음을 움직일 수가 없을 정도로 무겁게 한다. 몸이 무거워 움직일 수가 없는 상태를 우리는 '우울증'이라고 말한다. 이때는 사각형의 방에 틀어박혀 대문 밖을 나올 수가 없는 상태에 이른 것이다. 한겨울에 무거운 외투를 입고 다니다가 봄이 되어 외투를 벗게 되면 느껴지는 그 홀가분함을 대부분의 사람은 알 것이다. 우울증에 걸린 인간은 봄, 여름, 가을, 겨울 모두 그 무거운 갑옷을 입고 있으니 얼마나 고통스럽겠는가? 그래서 그 무거운 갑옷을 벗는 유일한 방법으로 높은 곳에서 뛰어내리는 방법을 선택한다. 그러면 엄청난 바람이 갑옷을 벗겨 주지만 그는 다시는 일어날 수 없다. 그러면 어떻게 그 비늘을 없애야 하는가? 고기 비늘도 억지로 제거하면 생채기가 남는다. 즉, 스트레스를 약을 먹고 제거하려고 한다면 후유증이 남는다. 그러면 어떻게 흔적 없이, 후유증 없이, 생채기 없이 스트레스를 없애는가?

스트레스는 날려서 없애야 한다. 두텁고 무거운 고기 비늘을 가지고 있다면 바람을 맞아서 점차 가벼운 깃털같이 이를 가볍게 만들어 날려 없애는 것이다. 현대의 인간은 모든 일이 짧은 시간 동안 반복되는 일의 연속이기 때문에 마음속에서 비늘이 항상 자란다. 이 비늘을 바람으로 풍화 작용시켜 날려 버려야 한다. 여행은 바람을 맞으러 가는 것이다. 달리는 자동차의 창문을 열어 바람을 맞고, 버스를 타고 가면서 바람을 맞고, 기차를 타고 가면서 바람을 맞고, 자전거를 타고 가면서 바람을 맞고, 걸어가면서 바람을 맞고, 바닷가에 가서 바람을 맞고, 넓은 들판에 서서 바람을 맞고, 높은 산에 올라가 바람을 맞아서 쌓인 비늘을 깃털로 만들어서 날려 버려야 또다시 가벼운 몸과 마음으로 반복되는 일을 할 수 있다.

〈중국 쓰촨성을 여행하면서 티베트 불교의 의식으로 높은 산의 고개에서 경전이 인쇄된 종이가 바람에 날리는 장면을 찍었다〉

2016/04/19

08. 둔황(敦煌)

　　그러니까 대학 1학년 여름방학인 1973년에 나는 아버지께서 근무하시던 경남고성여자중학교 사택에서 무더위와 싸우며 시간을 죽이고 있었다.

　　그리고 책 한 권이 내 손에 들려 있었다. 바로 이노우에 야스시의 『둔황』(1959년)이었다. 더위를 잊을 정도로 재미가 있었다. 그렇게 둔황은 내가 꼭 가봐야 하는 곳이 되었다. 그리고 세월이 흘러 1992년이 되었다. 해외여행 완전 자유화가 시작되었다. 일본과 태국을 다녀온 나는 중국 여행에 대한 준비를 시작했다. 1994년 당시에는 중국어를 공부할 수 있는 곳도 없어서 시간이 나면 막연히 옥편을 보고 한자를 무조건 적어 보는 식으로 공부했다. 그 외에도 실크로드 답사 책과 중국 여행 자료를 몇 가지 구했다. 그리고 중국에 이미 다녀온 사람을 찾아보았는데, 창원의 어느 기업체 회사원을 만날 수 있었다. 그는 사원으로 회사 간부들과 중국을 많아 다녀왔다고 했다. 나는 그가 해 준 많은 이야기 중에서도 둔황에 가는 법을 확실하게 기억했다. 그의 말에 따르면 란저우, 자위관을 지나 리우옌역에 내려 버스를 타고 가야 한다고 했다. 나름대로 철저하게 준비를 마치고 상하이로 비행기를 타고 가서 시안과 난조우를 구경하고 열차로 리우옌역에 도착하여 황량한 사막을 마치 낙타 같은 버스를 타고 꽤나 고생하여 드디어 둔황에 도착했다. 그리고 그토록 오매불망하던 밍사산 모래 절벽에 있는 천불동(모가오쿠)의 굴에 있는 가장 큰 부처님 앞에 섰다. 내가 그토록 오고 싶었던 곳에 왔을 때의 흥분과 느낌은 내가 지금까지 전혀 경험하지 못했던 대단한 느낌이었다. 천불동의 가장 가운데 있는 부처님상은 절벽 전체를 파서 그 가운데에 부처님을 모시고 위에는 기와로 지붕을 만든 곳이었다. 나는 어마어마하게 큰 부처님께 인사를 올리고 그곳에서 1시간 이상을 머물며 여러 생각을 했다. 지금 내가 서 있는 이 자리는 수천 년 동안 수억 명의 인간들이 여기 서서 부처님께 빌고 또 빌었던 위치일 것이다. 그러면 "그렇게 간절하게 빌었던 내용은 무엇이었을까?"를 내게 묻게 되었다. 나는 "지금까지 낙타와 함께 저 험한 사막을 걷고 걸어 드디어 무사히 여기 부처님 앞에 서게 되어 감사하다는 인사와 또 걷게 될 사막을 무사히 건너 목적지에 잘 도착할 수 있도록 도와달라는 간절한 기도를 했을 것이다."라고 답을 내렸다. 또 내게 물었다. "이렇게 위험한 길을 낙타 등에 짐을 싣고 왜 건너는가?"였다. 나는 또 답을 얻었다. "내가 사는 곳의 물건을 사막을 지나 다른 곳에다 팔면 돈을 벌 수 있기 때문이다." 또 물었다. "돈을 벌어 뭐 할 것인가?" 많은 답이 있겠지만 그중에서도 한 가지 정확한 답은 '처와 자식을 먹여 살리기 위해서'일 것이다.

나는 이러한 과정을 통해서 인간들이 수천 년 동안 멸종하지 않고 살아온 것은 많은 남자가 처자식을 먹여 살리는 일을 계속했기 때문이라는 가장 단순한 답을 얻었다. 그리고 인생의 가장 큰 성공은 내가 돈을 벌어 처자식을 먹여 살리는 것, 즉 내가 먹여 살려야만 하는 처와 그 처가 낳은 자식의 얼굴을 보고 내가 죽는 것이라는 간단한 답을 얻었다. 물론 대부분의 인간은 자신의 후손을 보지 못하고 죽을 수도 있다. 하늘이 내게 준 엄청난 상여금, 즉 보너스가 있는데 그것은 내 자식이 또 자기의 자식을 낳아 나에게 보여주는 것, 즉 내 손자 얼굴을 볼 수 있게 해 준 것이다. 내가 왜 자식을 그렇게 열심히 키우는가? 그 답은 하늘이 내게 주시는 인생의 가장 많은 상여금, 즉 보너스를 받기 위한 것이다. '지구에 소풍 와서 자식을 낳고 그 자식이 잘 커서 아이를 낳아 나의 손자, 손녀를 보고 죽는 것이 인생의 가장 큰 성공이다.' 이것이 둔황의 많은 부처님께서 내게 준 커다란 깨달음이다.

〈막고굴 안내판(유네스코 세계문화유산)〉

〈사막의 절벽에 모신 부처님실(지금은 공개하지 않음)〉

〈장경동. 여기에 보관된 고문서로 실크로드의 역사가 만들어졌다〉

〈그 당시의 막고굴 입장권(위의 번호는 관람하여야 하는 동굴 번호)〉

09. 내 인생에서 가장 절박했던 순간

　1994. 8. 7.~8. 28. 21일간의 중국 첫 여행이었다. 서울 김포공항에서 비행기를 타고 2시간 만에 중국 상하이에 도착했다. 살인적인 더위가 나를 반겼다. 그리고 지난 1년 동안 준비한 실크로드 여행이 시작되었다. 당시는 중국이 개방한 지 얼마 되지 않아 외국인들에게는 별도의 관리 방법(중국인보다 훨씬 비싼 돈을 요구했음)으로 여행을 허락하고 있었다. 중국인들은 열차역에서 보통 1시간 이상을 줄을 서야 겨우 승차권을 살 수 있는 시대였다. 중국말을 한마디도 모르는 나에게는 완전 달나라 여행이었다. 그리고 외국인들은 중국국제여행사(CITS, China International Travel Service Corporation Limited)라는 곳에서만 승차권을 살 수 있었다. 자국민보다 훨씬 비싼 값으로 승차권을 사야만 했다. 그 승차권은 열차 일등석 승차권이었다. 물론 중국인들과 만나지 못하니 얼마나 비싼 값인지 알지도 못했다. 상하이에서 열차로 드디어 시안에 도착했다. 그곳에서 정순욱 군을 만났다. 세종대학교 역사학과 학생인 그는 1주일 동안 백두산과 베이징을 경유하여 시안에 도착한 상태였다. 그와 나는 함께 실크로드를 여행하기로 하였다. 그는 몇 마디 중국어를 말할 줄 알았다. 나는 영어를 말할 줄 알았다. 우리 둘은 얼마 안 되는 사이에 몰골이 완전 중국인이 되어 있었다. 그 덕분에 우리는 중국인과 함께 열차로 여행할 수 있게 되었다. 시안역에서 2시간 이상을 줄을 서서 기다리고 "란저우 량장 피아요(난주 2장 표)."라고 말해 중국인과 같은 3등 칸을 타는 란저우행 승차권 2장을 구할 수 있었다. 그 승차권은 중국인들과 함께 20시간을 앉아 가

는(침대칸 승차권 아님) 승차권이었다. 4명이 마주 앉아가는 좌석에는 8명이 앉아있었다. 의자에 6명, 의자 뒤턱에 2명. 열차는 사람들로 터질 것 같았다. 담배와 침, 먹고 버린 것들 그리고 음식 냄새, 몸에서 나는 냄새 등으로 인해 지옥이 따로 없었다. 란저우를 구경하고 다시 열차로 리우엔을 구경하고, 버스로 둔황, 투루판을 구경한 뒤에 드디어 버스로 우루무치에 도착했다. 8월 19일 오후 4시였다. 20일(일요일)이나 21일(월요일) 18시 30분에 출발하는 상하이행 열차를 타야만 28일(토요일) 04시에 상하이에 도착하고, 10시 비행기를 타고 김해로 날아가 집으로 갈 수 있었다. 나는 도착하자마자 역 앞의 우루무치호텔 별관에 있는 어마어마한 숫자의 침대(마치 야전병원의 침대와도 같았다) 한 칸에 짐을 풀고 바로 우루무치역으로 가서 승차권을 사려고 했지만, 그 수많은 사람 속에서 한국인인 나는 도저히 승차권을 살 방법이 없었다. 그리고 국제여행사에 가서 장장 105시간이나 소요되는, 그 당시 제일 긴 열차 구간인 서쪽 끝 도시 우루무치에서 상하이까지 일등석을 살 돈도 이미 바닥이 나 있었다. 머릿속에는 온통 승차권을 구해야 한다는 생각 이외에는 다른 생각이 없었다. 정말 앉으나, 서나, 무엇을 먹거나, 걷거나, 누워도 온통 승차권에 관한 생각뿐이었다. 시간은 냉정하게 흘러 19일(토요일)이 지나갔다. 20일(일요일)의 날이 밝았다. 오늘과 내일 동안 승차권을 구하지 못하면 비행기도 놓치고 한국에 돌아갈 수가 없었다. 그래도 우루무치에 왔으니까 북쪽에 위치한 천산산맥의 '티엔지(천지)'에 버스를 타고 구경을 하러 갔다. 산 위에 있는 어마어마하게 넓은 호수를 보고, 말 타는 것을 보고, 8월인데도 눈 덮인 산을 보고, 하늘도 보고, 숲을 보아도 승차권밖에 생각나는 것이 없었다. 승차권! 승차권! 구경을 마치고 다시 우루무치로 돌아와 우루무치역으로 가서 또 승차권을 사려고 했지만 어마어마한 인파들로 인하여 들어갈 틈도 찾지 못했다. 다시 포기하고 하늘과 땅을 쳐다보며 힘없이 돌아와 호텔 문을 들어서는데 "티켓?"이라는 영어가 들렸다. 누가 영어로 티켓이라고 하지? 깜짝 놀라며 말하는 쪽을 보니 작은 체구의 중국인이 영어로 다시 나를 보며 "티켓? 노 프라블럼."이라고 웃으며 말했다. 천천히 생각해 보니 나는 나도 모르게 '티켓'이라는 말을 온종일 주문같이 중얼거리며 길을 걷고 있었던 것이다.

"티켓! 티켓! 하, 티켓! 티켓! 티켓! 아! 티켓! 티켓! 티켓!"

내가 그때까지 만났던 모든 중국인 가운데서도 그가 말하는 영어는 천사의 음성보다 더 아름답고 반가운 소리였다. 나는 그 천사의 음성에 다시 한번 더 대답했다. "티~켓!?"

"오케이! 티켓! 노 프라블럼!" 그는 다시 하느님의 말씀을 말했다. 아니, 이 작고 보잘것없는 중국 녀석이 영어를 이렇게 잘하다니!

그는 다시 걱정하지 말라고 하면서 오늘 밤 21시까지는 상하이행 승차권을 구해줄 수 있다는 예수님의 말씀을 말했다. 그리고는 나를 안심시키고 호텔 앞 과일가게에서 하미과(멜론 같은 과일)를 사주며 나에게 먹으라고 했다. 먹으면서 영어로 이야기를 나눠 보니 그는 호텔에 상주하는 암표상이라고 했다. 그는 우루무치는 동쪽에는 몽골, 서쪽으로는 카자흐스탄, 남쪽으로는 파키스탄, 북쪽으로는 러시아와 국경을 접하고 있어 이동하는 많은 외국인에게 각종 승차권을 구해 주고 있으니 걱정하지 말라고 강조했다. 이름은 '고르반'이라고 했다. 영어로 하는 말을 들으니 완전히 안심이 되었다. 그는 나에게 저녁을 먹고 호텔 침대에서 기다리고 있으면 승차권을 가지고 오겠다면서 나를 자기 호텔 방으로 데리고 가서 같이 일하는 친구들을 인사 시켜 주었다. 초조한 마음으로 내 방으로 돌아와 기다리니 21시경에 고르반이 왔다. 반갑게 "티켓은?" 하고 물으니 오늘은 시간이 너무 촉박하여 승차권을 구할 수가 없으며 내일은 반드시 구해온다고 했다. 다시 하늘이 무너지는 기분이었다. 오늘 밤을 걱정 근심으로 또 어떻게 지새나 싶었다. 정말 미칠 지경이었다. 나는 큰 소리로 "내일 승차권을 구하지 못하게 되면 너를 한국인의 태권도로 날려 버릴 것이다."라고 말하고 옆차기 폼을 잡았다. 그랬더니 그는 깜짝 놀라며 "돈 워리!"를 연발했다. 20일 일요일 밤도 내일 정말 승차권을 얻게 될 것인가를 생각하며 잠을 설쳤다. 마침내 출발 마지노선인 21일 월요일 날이 밝았다. 밥도 먹지 않고 초초하게 시계를 보며 기다리고 있었는데 09시 30분경에 고르반이 왔다. 그의 손에는 승차권이 들려 있었다. 분명히 상하이라는 글씨가 적힌 침대칸 승차권에 중앙이라는 글도 적혀 있었다. 돈은 600위안을 달라기에 묻지도 따지지도 않고 주었다. 만약 이 승차권이 가짜가 되어 내가 오늘 우루무치를 떠나지 못하게 될 경우 다시 돌아와 죽어 버릴 것이라고 목을 자르는 시늉을 하니 절대 그런 일이 없을 것이라고 했다. 고르반이 돌아가고 과연 열차를 탈 수 있을 것인가 하는 걱정에 초조한 시간이 지나고 지나 드디어 출발 시간인 18시 전에 우루무치 역에 도착했다. 개찰이 시작되어 초조한 마음으로 구입한 승차권을 보여주니 이미 중국인과 모습이 전혀 차이가 나지 않는 나의 모습에 아무런 의심 없이 개찰하고 통과시켜 주었다. 만세! 만세! 만만세! 드디어 집으로 가게 된 것이었다. 객차의 상중하 침대칸 중 중앙 침대칸에 안착하고 중국인들 사이에서 한국인이라는 신기한 동물이 되어 열차 안의 모든 사람에게 구경거리가 되고 손짓, 발짓으로 이야기를 나누었다. 내가 200위안짜리 승차권 600위안에 사서 왔다는 사실에 중국인들은 다시 한번 놀라는 듯했다. 그렇게 사막, 초원, 터널, 들판, 도시를 달리고 달려 28일 토요일 04시에 상하이에 도착하고 홍치아오 국제공항으로 가서 10시에 출발하는 김해행 비행기에 탑승했다. 정말 하느님, 예수님, 천사님, 부처님, 조상님의 은덕으로 한국에 무사히 도착했다.

〈1994년 8월 12일 시안, 란저우 간 승차권 앞면〉

〈75호 열차의 12번 객차 107좌석, 16시 10분에 출발하는 승차권 뒷면

(2시간 이상을 줄 서서 구한 승차권. 위와 같은 승차권을 구한 것이다)〉

10. 책과 꿈

『세계 일주 여행기』(김찬삼), 『둔황』(이노우에 야스시), 『안네 프랑크의 일기』(안네 프랑크). 이 세 권의 책은 내가 읽은 많은 책 중에서 아직도 내 기억 속에 남아있는 책이다. 즉, 감동이 있었다는 말이다.

김찬삼 교수님의 『세계 일주 여행기』는 배와 비행기를 한 번도 타 보시지 못하고 세상을 떠난 아버님께서 내가 중학교 시절에 사 주신 책인데 아마 당신이 보고 싶어서 사 오신 책이라고 생각된다. 왜냐하면 그 이전까지는 당신께서 내게 이 책은 꼭 읽어야 한다고 하시며 책을 사 주신 적이 없기 때문이다. 그 어려운 중학교 시절, 나는 외국에 간다는 것은 꿈에도 생각하지 못했고 중학교 1학년 수업 시간에 베트남 전쟁에서 휴가를 나온 마산 출신의 군인이 수업 시간에 들어와 해 주는 베트남 전쟁 이야기를 들었던 것이 전부였다. 그는 군함을 일주일이나 타고 도착한 베트남에 관해 '야자수', '덥다', '베트콩', '바나나' 등의 키워드를 통해 우리에게 그 실상을 이야기해 주었다. 그의 이야기를 듣고는 바다 건너에 나라가 있다는 것을 신기하게 생각했던 것이 그 당시 내 생각의 전부였다. 그런데 『세계 일주 여행기』를 읽는 순간 나는 정말 김찬삼 교수가 되었다. 그 책에는 그가 아프리카를 종단하는 여행 과정에서 피그미 마을에서 주민들이 누드로 살아가는 것을 보고 자기도 누드가 되었다는 내용도 적혀 있었다. 그리고 여행을 떠날 때는 혹시 죽어서 못 돌아올지도 모르기 때문에 유서를 적어 두고 여행을 다닌다고도 했다. 그러는 와중에도 큰 도시에 도착하여 오페라나 음악회 관람을 위해 넥타이를 어렵게 구하여 극장에 입장할 수 있었다는 이야기도 읽었던 기억이 난다. 나는 중학교 시절에 읽은 김찬삼 교수의 『세계 일주 여행기』로 인하여 나도 언젠가는 세계 일주 여행을 하고 싶다는 생각을 굳게 하게 되었다. 그리고 1992년 김영삼 전(前) 대통령의 해외여행 완전 자유화 선언 이후 방학 때마다 혼자서 일본부터 시작하여 동남아, 중국 등지를 여행 다니게 되었다.

『둔황』은 대학교 1학년 때에 읽게 되었는데 이를 통해 고등학교 시절 역사 시간에 배운 실크로드를 한 번은 꼭 가 봐야겠다고 생각하게 되었다. 그리고 1990년대 초쯤에 일본 NHK TV에서 찍은 〈실크로드〉라는 다큐멘터리가 있다. 그것을 본 후 나는 더욱 초원과 사막을 가고 싶어졌다. 1994년 8월에 실크로드를 여행했을 때의 기억은 아직도 가장 나를 행복하게 해 준다.

『안네 프랑크의 일기』는 내가 가장 감수성이 예민한 사춘기 시절에 읽은 책이다. 이 책은 안네 프랑크라는 소녀가 독일의 유대인 학살을 피해 다락방에 숨어서 적은 일기다. 저자인 안네 프랑크도 16~18세의 사춘기 소녀였는데, 다락방에서 숨어 지내며 하루하루의 긴박한 순간을 초조해하면서도 틈을 내어 정말 세밀하게 일기를 적었다. 나중에 드디어 2016년 12월에 암스테르담에 있는 안네 프랑크의 집에 도착했을 때, 나는 오후 늦게 도착하여 관광객들의 긴 줄로 구경을 포기하고 운하 건너 안네의 다락방이 보이는 곳에서 중학교 시절 나의 일기 속에서 사랑했던 나의 짝사랑 안네 프랑크에게 작별 인사를 해야만 했다.

〈네덜란드 암스테르담의 안네 프랑크가 살던 집〉

〈인촨, 둔황 간 열차 승차권〉 〈둔황, 위카 간 버스 승차권〉

〈둔황의 버스 운행 현황〉 〈둔황의 버스 운행 시간표〉

〈둔황의 열차, 비행기 운행 시간표〉

11. 프랑스의 자부심

많은 여행자가 프랑스의 수도 파리를 구경하고 또 구경해도 감탄한다. 나도 역시 파리를 2016년 12월 23, 24일의 이틀간 관광했다. 나는 이틀 동안 숙소 근처에서 에펠탑이 종점인 버스를 타고 내려 시내를 걷고 또 걸었다. 24일 크리스마스이브의 밤 샹젤리제 거리는 정말 환상적이었다. 그러나 나는 진정한 '프랑스의 최고의 자부심'은 루브르 박물관에서 느낄 수 있었다. 그것은 바로 "박물관 내에서 사진 촬영 허가"라는 문구 때문이었다. 루브르 박물관은 박물관 내의 어떤 유물도 사진 촬영이 가능했다. 많은 나라의 박물관에서는 사진 촬영이 철저히 금지되고 입구에 소지품 보관소가 있어 오로지 맨몸으로 출입하게 하지만, 프랑스 박물관은 소지품을 가지고 입장하며 사진 촬영을 자유롭게 할 수 있게 했다.

전시된 유물은 정말 어마어마했다. 전 세계의 인류가 손으로 만든 모든 것들이 완전무결하게 전시되어 있었다. 그리고 프랑스인들이 어떤 방법과 기술로 그렇게 크고 세밀한 유물을 그 먼 곳에서 운반했는지, 그 운반의 비밀도 궁금했다.

지하실의 보물은 정말 대단했다.

나는 개장 시간에 입장하여 500여 장의 유물 사진을 찍고 폐장 시간에 루브르 박물관에서 나왔다.

〈루브르 박물관 입구의 포스터〉

〈비너스〉　　　　　　　　　　〈이집트 남자〉　　　　　　　　　　〈목욕하는 여자〉

〈그리스 신전〉

〈루브르의 점심〉

12. 박물관 지하실의 비밀

나의 박물관 답사 방법은 다음과 같다.

먼저 입장권을 가지고 입장하면 입구에 비치된 박물관 안내 자료를 구한다.

그리고 30분 이상 안내 자료를 읽고 박물관의 구조를 확인하고 해당 박물관의 주요한 유물의 위치를 확인한다. 그리고 대강의 동선을 그려 나만의 관람 절차를 만든다. 대부분 작은 박물관은 관람 동선이 정해져 있지만 큰 박물관은 너무 크고 넓어서 각자 알아서 다녀야 한다. 대부분의 관람객은 시간이 부족하여 중요 전시품 몇 개만 보고 설명을 듣고 다음 여행지로 가야 하지만, 나는 철저하게, 천천히 그리고 많이 두세 번 돌아다니며 보았다. 또한, 박물관의 진정한 보물은 지하 전시실에 전시되는 경우가 종종 있다. 여러분들도 만약 박물관을 관람하신다면 꼭 지하 전시실을 다녀오길 바란다. 절대 후회하지 않을 것이다.

13. 베네치아의 대문 장식

베네치아(베니스)는 일단 시내버스인 배를 타고 이동해야 한다. 그리고는 도착하는 장소에서는 걷고 걸어야 한다. 그리고 다리를 건너야 한다. 골목길을 돌고 돌아야 한다.

다리는 베네치아의 옛날 교통수단인 곤돌라가 지나갈 수 있도록 아치형으로 만들어져 있다. 그리고 대부분의 집은 입구가 운하 쪽에 있어 대문을 보기가 어렵다. 있더라도 벽과 같아 대문을 구별하기가 어렵다. 여기 이 장식이 있다면 사람이 들어갈 수가 있는 성문과 같은 대문이 있다는 것이다.

베네치아에서는 아름다운 예술품 같은 대문 고리를 볼 수 있다.

〈대문의 장식들〉

14. 베네치아는 어떻게 만들어졌는가?

베네치아는 강 입구의 석호(강과 바다가 만나는 곳에 모래로 만들어진 호수) 위에 만들어진 도시다. 모래 위에 만들어진 베네치아. '어떻게 물 위에 도시를 만들었을까?'라는 의문은 나의 오랜 수수께끼였다. 나는 베네치아에서 나흘 동안 도시를 구경하면서도 오로지 돌로 만들어진 부두에서 배를 타고 이동하고 구경했다. 베네치아는 바다로 변한 석호를 기반으로 엄청난 큰 통나무를 바다에 박아 큰 배를 정박하고 작은 배로 육지로 짐을 나른 흔적이 남아 있는 신비의 도시였다.

'베네치아는 어떻게 만들어졌는가?'라는 의문은 한국에 돌아와서 해결되었다. 어느 날 TV에서 〈남해의 죽방렴〉이라는 프로그램을 방영했다. 그 프로그램에서는 죽방렴을 수리하는 장면을 보여 주었다. 대조기(음력 보름과 그믐 무렵에 밀물이 가장 높을 때, 썰물도 가장 심함)의 20분가량의 짧은 시간 동안에는 죽방렴의 바닥이 보일 정도로 바닷물이 빠져나가는데, 그 순간에 고기잡이를 위한 그물과 부속 장치를 수리한다고 했다. 그런 방법으로 바다 가운데 그물을 칠 수 있는 통나무 말뚝을 박아 지금까지 자연 그물 방법으로 고기를 잡는다는 내용이었다. 즉, 태양과 달이 일직선이 되어 바닷물을 가장 많이 끌어당기는 때마다 베네치아의 도시도 점차 확장되고 확장되어 지금의 운하도시인 베네치아가 탄생한 것이다. 아마 대조기에는 모든 배의 운항이 금지될 것이다. 바닷물이 빠져 도시의 바닥이 나타나니까.

〈일상의 베네치아〉

〈썰물 때의 몽셀미셀〉

〈밀물 때의 몽셀미셀〉

15. 여행의 4요소

여행은 잠자고 먹고 배설하고 구경하는 4개의 요소로 이루어져 있다. 그래서 잠자고 먹고 보는 것 이외에 배설하는 것도 여행에 있어 아주 큰 어려움 중의 하나다.

특히 유럽의 공공장소의 화장실은 무조건 돈을 내야 사용이 가능하다. 그리고 대부분 눈에 띄는 곳에 있지 않다. 화장실을 사용하려면 카페, 레스토랑, 패스트푸드점으로 들어가야 할 경우가 많은데, 그러면 먹고 나서 돈을 주고 배설하고 나와야 한다.

중국 화장실의 역사는 중국 역사만큼 다양하다. 중국의 화장실은 2008년의 베이징올림픽 전과 후로 확실한 변화가 있다. 예전의 중국 화장실에는 대부분 칸막이가 없었다는 것은 유명한 사실이다. 그리고 화장실에는 관리인이 주거하면서 돈을 받았다. 하지만 지금은 세계에 내놓아도 손색이 없을 만큼 깨끗하고 돈도 받지 않는다. 그렇지만 작은 도시에 가면 가끔 돈을 받는 곳도 있으니 참고하시기 바란다.

〈위와 같은 식사를 몇 달 동안 먹을 수 있어야 여행이 가능하다〉

〈진정한 먹방(먹기 전)〉

〈먹은 후〉

〈먹은 후 배설하는 곳의 표지들〉

16. 겨울 여행의 장점

나는 2016년 9월 20일에 여행을 출발하여 중국, 키르기스스탄, 러시아, 북유럽, 동유럽, 남유럽을 겨울철에 돌아다녔다. 그때 나는 겨울 여행의 장점을 알았다. 여기에 몇 가지를 적어 본다.

첫째, 겨울 여행은 비수기 여행이라 여행객이 적어 열차 승차권, 버스 승차권을 쉽게 구할 수 있고 유명한 장소에서는 구경을 위해 줄을 서는 시간이 적어 더 많은 것을 볼 수 있다.

둘째, 방한 겨울옷 한 벌과 숙소용 한두 벌의 옷으로 모든 일정을 소화할 수 있다. 숙소에서 입는 옷도 아침에 세탁해 두면 저녁에 입을 수 있다.

셋째, 여름에는 나뭇잎으로 가려졌던 경치도, 겨울에는 낙엽이 져 먼 곳의 경치도 볼 수 있다. 공기도 맑고 바람도 알맞게 불어 여행하기 좋을 만큼 시원하다.

넷째, 땀, 햇빛으로부터 피부를 보호할 수 있다.

다섯째, 많이 걸어도 건조하고 시원하여 물을 자주 마실 필요가 없어 물값 절약이 어마어마하다.

여섯째, 16~17시경 일몰로 무리한 여정을 조절하고 도시의 야경을 구경해도 19시에는 숙소에 돌아와 따뜻한 물로 샤워한 후 쉴 수 있다.

일곱째, 1월에도 유럽은 따뜻하여 우리나라의 초봄 같은 기후로 잔디들이 푸르게 살아 있다.

여덟째, 지중해의 겨울은 제주도 해안과 비슷한 온도에 바람이 불지 않아 온종일 돌아다녀도 땀이 나지 않는다.

　아홉째, 두꺼운 겨울옷을 입는 덕분에 소매치기당할 확률이 낮다. 사실 소매치기도 겨울은 비수기일 것이다.

　열째, 하루 동안 둘러보는 시간이 짧기에 전체 일정을 합하면 경비 절약이 많이 된다.

17. 혁필(革筆)과의 만남

　나의 어린 시절에 장이 열리면 언제나 혁필 화가가 자리를 잡고 그림을 그리고 있었다. 아니, 나중에 알고 보니 글과 그림을 그리고 있었다. 혁은 '가죽 혁(革)'을 말하는데, 혁필 화가는 가죽 혁대의 넓이의 작은 가죽을 손에 쥐고 화선지에 일필휘지로 용과 거북과 호랑이, 그리고 한자 이름을 무지개색으로 썼다. 나는 그 광경을 정말 눈이 휘둥그레져서 본 기억이 있다. 그 화려함이란 정말 대단한 것이었다. 이후 한동안 세월이 흘러 까마득하게 혁필을 잊고 있었다. 그리고 나중에 북유럽에서 흐르고 흘러 드디어 바르셀로나에 도착하여 걷고 또 걷고 버스를 타고 지하철도 타서 해변의 콜럼버스 동상에 도착했을 때였다. 여기에는 북쪽으로 아주 넓은 길이 있었는데, 그 유명한 람블라스 거리였다. 그 거리는 2km 정도 이어지는데 늘 관광객들이 흘러넘치고 있었다. 람블라스 거리는 바르셀로나에 온 거의 모든 관광객이 반드시 이 길을 걷고 선물도 사고 음식도 먹는 아주 유명한 거리였다. 수백 년 동안 바다와 육지를 연결하는 전통의 길인 것이다. 그리고 이 길에는 특이한 모습으로 사람들을 유혹하여 돈을 버는 사람들도 있었다. 즉, 거리에서 버스킹(busking, 거리 공연)을 하는 사람들도 있었는데 그들은 음악은 물론 다른 특이한 행동으로도 사람들을 유혹하고 있었다. 물론 거리의 화가도 많았다. 그런데 초상화를 그려 주는 화가들 사이에 한국의 혁필과 같은 그림이 있어 유심히 구경했다. 그 화가는 이미 영어로 "WELCOME"이라는 문구를 혁필로 그려 놓았고 그 외에도 몇몇 영어 이름도 견본으로 그려 놓았다. 나는 "와! 한국의 혁필을 스페인 바르셀로나에서 보다니!"라고 소리쳤다. 그는 내가 한국말로 놀랍다는 말을 하니 처음에는 눈길도 주지 않다가 내가 계속 구경을 하며 한국말로 여러 가지 질문을 하자 그때야 마지못해 한국인이라고 답하며 자기는 1992년에 스페인으로 와서 지금은 혁필 그림을 그려서 먹고 산다고 했다. 내가 바람을 잡아 한국 관광객 몇 사람의 영어 이름을 혁필로 그려서 사게 하고 더욱 혁필에 관하여 좋은 이야기를 하니 마침 저녁때도 되고 하여 펼친 화방을 정리하고 맥주를 함께 마시게 되었다. 나도 배도 고프고 피곤하여 혁필 화가의 단골 맥주 카페에 가서 둘이서 이야기를 나누며 맥주를 마셨다. 그는 1952년생으로 한국에서도 그림을 잘 그렸다고 했다. 그러다 어떻게 혁필도 배우게 되고 1992년 스페인 바르셀로나 올림픽 때 여기에 정착하게 되었다고 했다. 그의 이름은 최성수 씨로 그는 이 람블라스 거리에서 초상화 화가로 어렵게 외국 생활을 하게 되었는데 초상화 20분을 그려서 버는 10유로의 수입으로는 생활이 어려워 한국에서 배운 혁필을 사용하여 이름을 그려 주는 것으로 전환했다고 했다. 자기가 한국에서 배운 혁필은 한자나 한글을 용, 새, 호랑이의 모습으로 그리는 방법이었는데 알파벳으로 변형하여 혁필을 완성했다고 했다. 특히 한 알파벳을 30~40가지 이상의 그림으로 나타낼 수 있다고 해서 놀랐다. 즉, "WELCOME"이라는 글을 그린다면 'W'의 표현 방법만 해도 30~40가지가 있다는 말이었다. 그 사람의 영어로 된 이름을 보고 그 상황에 맞는 새 모양, 말 모양, 양 모양 등 다양한 모양으로 이름을 그려 준다고 했다. 그래서 한국인들이 한글로 적어 달라고 하면 자기가 개발한 그림체가 없어 그려 주지 못하고 영어로 바꾸어서 그려야 한다고 했다. 그리고 돈은 알파벳 한 글자당 1유로를 받는데 10개의 알파벳으로 이름이 되어 있다면 10유로였다. 그리고 그 이름은 1분 이내에 완성되기 때문에 수입도 훨씬 좋다고 했다. 그는 바르셀로나시에서 너무 많은 화가가 거리에 있게 되자 100명만 장사할 수 있도록 그림으로 성적을 내어 100명의 화가를 선정했는데 자기가 30등 안에 들었다고 자랑했다. 그가 휴대폰에 저장해 놓았다가 보여 준 본인의 그림은 오로지 먹으로만 그린 그림이었지만, 말 그림 속의 말이 마치 살아서 튀어나오는 듯한 힘이 있었다. 주변의 스페인 화가들이 한국인인 당신이 여기서 그릴 수 있게 된 이유가 뭐냐고 하도 따지기에 선정된 그림을 보여 준 이후로는 누구도 태클을 걸지 않는다고 자랑하기도 했다. 그리고 영국의 어느 학교의 교장 선생님은 1년에 한 번씩 50명의 영어 이름을 주문하시는데, 졸업하는 학생들에게 졸업 선물로 혁필로 그린 이름을 주신다고 했다. 그는 또한 외국인 제자들을 엄청나게 키웠는데 혹시 다른 나라에서 우리 혁필로 영어 이름을 그리고 있으면 최 화백 자신의 제자라고 생각하면 틀림없다고 했다. 한편으로, 그는 향수병으로 인해 한국으로 돌아가기를 간절히, 정말 간절히 원하고 있었다. 나는 그의 이야기를 많이 들어 주고 가끔 추임새를 잘 넣어 주어 거의 3시간 동안 그의 이야기를 들을 수 있었다. 내가 맥주를 넙죽넙죽 잘 마시니 그가 나에게 한 한국말이 있다. "선생님. 빨대가 너무 좋습니다."

〈혁필로 그린 이름들. 위로부터 WELCOME, SILVIA, MONICA, CARMEN, SONIA, SORDI〉

2017/01/03 17:02

〈혁필을 이용해서 이름을 적은 모습〉

〈최성수 화백〉

〈그가 길거리 화백이 되게 한 먹으로 그린 말 그림(휴대폰에 저장된 그림)〉

18. 유럽의 야경과 트램

중국의 야경은 이미 정평이 났다. 유럽은 야경이 그렇게 소문나지는 않았다. 그 이유를 생각해 보니 유럽은 전기가 발명되기 전에 이미 도시가 형성되었다는 사실이 떠올랐다. 나중에 전기가 발명되어 전기로 건물을 밝혀 야경을 만들려고 하니 돌로 된 벽에 어떻게 전선을 설치하고 전등을 달겠는가? 그래서 적당한 위치의 땅바닥이나 위에서 서치라이트로 비추게 되었을 터인데, 그러니 야경이 멋이 없다.

그리고 유럽의 많은 도시에서는 과거 우리의 전차인 트램(tram, 노면 전차)이 아직도 시내를 잘 달리고 있다. 트램은 철도와 전기가 혼합된 교통 수단으로, 마차 시대의 도심에서 좀 더 멀리 생활 반경이 확대되어 만들어진 교통수단(1887년 미국)이다. 아직도 운행되고 있는 구간들은 걸어서 구경해도 그렇게 먼 거리는 아니다.

〈그나마 멋진 상트페테르부르크의 야경〉

19. 당신은 몇 퍼센트(%)입니까?

　나는 70%라고 생각한다. 무슨 말인고 하니, 바로 나의 유목인 DNA의 퍼센티지를 표현한 것이다.

　그러니까 내 DNA 중에서 정착인의 DNA는 30%라는 말이다. 우리나라는 아시아의 동쪽에 위치한, 작지만 큰 나라이다. 왜 큰 나라일까? 바다의 너비를 생각하지 않고 오로지 땅만 생각하면 작은 나라이다. 그러나 바다를 포함하면 5대양도 우리나라 땅이 될 수 있는 큰 나라다. 그리고 우리나라는 너무 높아 사람들이 오를 수 없는 산이 없고, 너무 넓어 건너지 못하는 강이 없는 정말 비옥하고 자연재해가 적은 곳이다. 이 땅은 수만 년 전부터 인간이 생존하기에 아주 좋은 환경을 가지고 있어서 많은 인간이 오가고 정착했다. 그것은 우리나라에 있는 수많은 고인돌이 증명한다. 그래서 아프리카와도 연결된 북쪽에서 온 가축을 방목하는 유목인과 구로시오 해류를 타고 온 농경 문명의 정착인들이 함께 뒤섞여서 살아온 곳이다. 그래서 우리의 몸에는 양쪽 인들이 가지고 있는 DNA가 섞이고 섞여 있다. 그것들이 섞여 드디어 한국인이 만들어진 것이다. 정주영 전(前) 현대그룹 회장, 김우중 전(前) 대우그룹 회장, 가수 조수미, 야구선수 박찬호, 류현진, 여행가 한비야, 피아니스트 백건우 등. 이 한국인들의 공통점은 90% 이상이라는 점이다. 무엇이 90% 이상인가. 유목인 DNA가 90% 이상이다. 그러니까 정착인 DNA는 10%도 안 된다는 말이다.

　이병철 전(前) 삼성그룹 회장, 조치훈, 이창호 바둑 명인, 이어령 박사, 김형석 박사 등. 이 한국인들의 공통점은 90% 이상이다. 무엇이 90% 이상인가. 정착인 DNA가 90% 이상이다. 이분들은 유목인 DNA는 10%도 안 된다는 것이다.

우리나라 사람 중 많은 사람이 40세가 넘도록 갈 길을 못 찾고 헤매다 가 더 나이가 들고서 드디어 길을 찾아 성공한 사람들이 많다. 왜냐하면 자기의 DNA의 퍼센티지를 몰라 헤매다 유목인의 업종 혹은 정착인의 업 종을 찾아 정신적 안정을 찾고 성공하게 되는 것이다.

그럼 자신의 퍼센티지를 어떻게 아는가?

예를 들어 알아보자! 만약 당신이 일주일 뒤에 해외여행을 혼자 가야 한다고 할 때, 일주일이 여삼추(如三秋) 같이 길고, 기다려지고, 여행의 설 렘으로 잠을 설친다면 유목인의 DNA가 90% 이상인 한국인이다. 그런 데 일주일이 너무 짧고, 여행을 생각하면 두렵고 어떻게 하면 핑계를 대 고 안 가는 방법이 없을까를 생각한다면 정착인의 DNA가 90% 이상인 한국인인 것이다. 그런데 이 유목과 정착의 DNA는 절대로 50:50이 없다. 무슨 말이냐 하면 어느 한쪽이 반드시 최소 49:51로, 한쪽으로 치우쳐져 있다는 것이다. 만약 어떤 한국인에게 시간이 주어졌을 때, 그가 잠시라 도 집 밖으로 돌아다녀야 행복하다면 51%의 비율을 가진 유목인의 한국 인이고, 집에서 치맥에 TV나 보면서 방에서 뒹굴면 51%가 정착인인 한 국인이라는 말이다. 이것을 우리는 어려운 말로 각자의 기질이라고 한다. 그래서 일찍 이 기질을 알게 된 사람은 즐거운 생활을 하면서 인생을 즐 기고, 늦게 알면 알수록 인생의 쓴맛을 본 후 비로소 자기 자신에게 내재 된 퍼센티지를 알고 인생을 즐기게 되는 것이다. 흥미로운 것은 우리나라 의 대그룹에도 이러한 경향이 뚜렷하다는 것이다. 현대그룹의 형태는 전 형적인 유목인 사업 구조로 되어있다. 즉, 유목인 형태의 움직이는 제품 이 많다. 자동차, 선박, 건설(한 곳에서만 건설하는 것이 아니고 여러 곳으로 이동) 등이다. 현대가 유일하게 포기한 사업이 정착인 사업인 현대전자다. 삼성 그룹의 형태는 전형적인 정착인 사업구조로 되어 있다. 즉, 정착인 형태의 움직이지 않는 제품이 많다. 냉장고, TV, 에어컨, 휴대폰(손에 잡혀 움직일 수 없다)등이다. 삼성도 유일하게 포기한 사업이 유목인 사업인 삼성자동차다. 나는 여러 다른 그룹도 한국인의 특징과 같이 유목 그룹, 정착 그룹으로 나눌 수 있다고 생각하고 있다. 그 그룹의 성격에 따른 사업 확장을 하면 계속 성장할 수 있지만, 성격에 맞지 않는 사업에 투자하면 그룹 전체에 영향을 미쳐 그룹의 존속이 위태로워질 수도 있다.

직장에서도 영업 분야에 적합한 유목인, 생산, 경리 분야에 적합한 정착인을 잘 알아 적재적소에 배치하는 인사를 하면 회사의 수익이 훨씬 늘어날 것이다. 쉽게 표현하면 사무실에 앉아 사무를 보는 사람과 사무실 밖에서 돌아다니기를 좋아하는 사람을 잘 구분하여 인사 조치를 취하라는 말이다.

이것은 가정에서도 중요한 것인데 부부가 모두 정착인의 DNA를 가졌더라도 그들의 자식은 유목인의 DNA를 가진 자식이 나오고, 부부 모두 유목인의 DNA를 가졌더라도 자식은 얼마든지 정착인 DNA를 가진 자식이 나올 수 있다.

자식이 유목인 DNA라고 생각되면 부모는 자식이 자기 자신의 성격을 마음껏 펼칠 수 있도록 말리지 말아야 한다. 마찬가지로 정착인의 DNA를 가졌다면 방구석에 있어도 절대 걱정하면 안 된다. 우리는 지금까지 부모 뜻에 맞추어 자기 자식을 키우려다 망친 자식이 얼마나 많았던가를 생각해야 할 것이다.

20. 우리나라 사람들의 편견

"집 나가면 개고생한다.", "7, 8월에는 물 조심해라.", "역마살"이라는 우리의 고정관념은 우리가 흔히 가진 가장 대표적인 편견을 표현한 말이다. 농경시대에 오직 인간의 힘만으로 농사를 지어야 할 때, 한 명이라도 더 인간의 힘이 필요했던 시절에는 가족 중 누군가가 집을 나가면 나머지 가족들이 그만큼 일을 나누어서 해야 했기 때문에 집에 잡아 두기 위해 이러한 가장 강력한 표현들이 사용되었다. 그러나 시대가 바뀌어 이제는 집을 나와야 성공하는 때가 되었다.

고(故) 정주영 현대그룹 회장은 5번이나 가출한 가출 청년이었다. 4번이나 잡혀 집으로 돌아가야 했지만, 마지막에는 소 판 돈을 훔쳐 가출해서 세계적인 기업을 만들었다. 또 국민가수 조용필도 부산에서 친구들과 노래하기 위해 서울로 가출했는데 친구들은 모두 붙잡혀 집으로 돌아갔지만 숨고 숨은 조용필은 잡혀가지 않고 열심히 노래 공부를 하여 마침내 세계적인 가수이자 국민가수가 되었다.

그리고 옛날에는 '역마살'이라 하여 돌아다녀야 하는 팔자를 나쁘게만 생각했지만, 지금은 세계 어느 곳에서든지 결혼과 이민으로 잘 사는 시대가 되어 고향을 지키는 사람은 나아 많은 할아버지와 할머니만 남게 되었다.

우리도 영국의 『걸리버 여행기』, 미국의 『톰 소여의 모험』 등과 같은 교과서적인 이야기를 많이 만들어 좁은 한국에서 벗어나 전 세계의 더 크고 멋진 곳으로 영토를 넓혀 나가야 한다고 생각한다.

21. 스웨덴 열차 화장실의 지혜

　여행 중에는 많고 다양한 화장실을 이용하게 된다. 화장실 사용에 있어 제일 큰 문제는 급해서 간 화장실을 어떻게 빨리 사용하는가에 있다. 항상 잠겨 있는 화장실 문을 열고 들어가 시원하게 볼일을 보기 위해서는 반드시 노크를 해야만 한다. 그런데 이 노크는 볼일을 보는 사람을 긴장시켜 생리 작용을 방해한다고 하여 오래전에 금지되었다. 그래서 이미 시원하게 볼일을 보는 사람에게 방해가 되지 않도록 하는 다양한 방법이 발명되었지만 요즘 가장 많이 사용되는 방법은 화장실 안에서 문을 잠그면 바깥 부분에 붉은색으로 '사용 중'이라는 글씨가 나타나게 하는 방법이다. 그런데 내가 경험한 많은 화장실 중에서 가장 지혜로운 화장실이 있어 적어 본다. 북유럽 여행 중 스웨덴 룰레오에서 키루나로 가는 열차를 타고 가다가 발견한 열차의 화장실인데, 내겐 너무 인상 깊게 남은 화장실이다. 일단 화장실 문이 원형으로 되어 있고 문은 1.5㎝ 정도 열려 있었다. 화장실 문이 원형이라는 말은 장애인이 휠체어를 타고서도 사용 가능하다는 말이다. 처음에는 누가 사용을 하고 문을 닫지 않은 것으로 생각했다. 그리고 문의 앞부분에는 손잡이 이외에는 아무런 표시도 없었다. 다만 문이 조금 열려 있었다. 그런데 열린 좁은 틈으로 화장실의 내부가 일직선으로 보여 그 안에 아무도 없다는 것을 확실하게 인식시켜 주었다. 내가 화장실 안으로 들어가 문을 닫으니 아주 부드럽게 닫히고 고리를 걸 수 있었다. 그래서 내가 사용하는 동안에는 누구나 화장실 밖에서도 지금 어떤 사람이 화장실을 사용하고 있다는 것을 틀림없이 알 수 있었다. 왜냐하면 열린 틈이 없기 때문이다. 내가 볼일을 마치고 손을 씻고 나와 문을 닫으니 완전히 닫히지 않고 닫으면 조금 벌어졌다. 몇 번을 시도해도 완전히 닫히지 않아 당황하고 있을 때 한 사람이 안 닫히는 것이 정상이라며 걱정하지 말라고 말해 주었다. 그리고 그 틈으로 화장실의 환기가 자연적으로 이루어진다는 것도 알았다. 정말 대단한 지혜의 장인이 개발한 화장실이라는 것을 확인할 수 있었던 화장실이었다. 그래서 나는 요즘도 사용하고 난 후에는 화장실 문을 약간 열어 두고 나온다.

〈로바니에미에서 키루나로 가는 열차의 화장실 문〉

22. 당신은 인생에서 몇 '고비'를 넘겼습니까?

'고비'의 사전적 의미는 "일이 되어 가는 과정에서 가장 중요한 단계나 대목, 또는 막다른 절정."이다.

즉, "이제야 한고비를 넘겼다!"는 말은 무척 힘든 일을 무사히 끝내고 난 뒤 안심하면서 하는 말이다. 나는 이런 말을 무심코 써 왔지만, 고비란 말은 순수한 우리말로 생각하고 그냥 사용했다. 하지만 2018년 8월 17일부터 21일까지 몽골의 '고비사막'을 여행하고 나서는 고비사막의 '고비'가 우리가 사용하는 '고비'와 같다고 생각하게 되었다. 나는 중국의 사막과 초원을 좋아하여 자주 여행했다. 중국의 사막 여행은 관광하는 수준이라 한 시간 정도 낙타를 타고 모래 언덕을 오르고 내려오는 반나절 정도의 일정이다. 또한, 중국의 초원 여행은 말이나 낙타를 1시간 정도 타고 게르를 방문하여 양고기를 먹고 오는 코스로 되어 있어 하루를 넘지 않는다. 그리고 초원의 게르 숙박은 너무 비싸 엄두도 못 내고 여행을 마무리했다.

그런데 이번 몽골의 고비사막 여행은 정말 몇 고비를 넘는 고통을 경험하며 정말 고비를 넘긴 여행이었다. 고비사막의 주요 관광지는 사막 지형에 나타나는 약간의 특이한 지형을 보고 경험하는 것이라 여러 다양한 경치를 본 나에게는 큰 감동이 없었다. 그러나 러시아산 자동차 '푸르공'을 타고 사막을 이동하는 것은 정말 고비는 넘는 고통이었다. 지평선이 보이는 고비사막의 길은 정말 환상이 아니라 고통의 연속이었다. 아주 작은 돌과 흙과 모래로 된 사막 길을 푸르공 차는 마음껏 길을 만들며 달렸다. 그러나 그 길은 결코 평탄한 길이 아니었다. 마치 롤러코스터를 타는 것처럼 펌핑(pumping)과 펌핑 롤링(pumping rolling)과 핏칭(pitching)을 계속하여 차 안에 앉아 있는 모든 사람이 흔들리고 튀어 오르고, 흔들리고 튀어 오르기를 하루에 10시간 이상을 계속해야 밤에 잠자는 목적지인 게르에 도착할 수 있었다. 초원에 설치된 게르는 보통 8동에서 10동 정도가 이어져 있는데 사용할 수 있는 물은 1L 정도로 나무 기둥에 달려 있었다. 그 물로 8명이 칫솔질과 세면을 해야 했다. 그래도 물이 남아 있는 것을 보면 정말 신기했다.

그러니 우리가 가끔 TV에서 보는 초원 사람들은 목욕이라는 단어는 아예 없다고 생각될 정도로 씻지 않는 것처럼 보였다. 그래도 아기를 키우고 초원에서 자라 늙은이가 되는 것을 보면 과연 청결이 인간의 생활에 어떤 영향을 주는지 다시 한번 생각해야 할 것 같았다. 또 지평선 동쪽에서 해가 뜨면 서쪽으로 해가 질 때까지 이글거리는 햇볕을 그대로 온몸으로 받아내야 했다. 눈은 부시고, 쉴 그늘은 없고, 정말 하루를 보내는 것 자체가 엄청난 고비를 넘기는 것과 같았다. 더욱 신기한 것은 초원의 말, 염소, 양, 낙타 등이 처음에는 점의 무리로 보이면서 풀을 뜯고 다가오는데 얼마 되지 않아 큰 덩치를 보이며 내 옆을 지나가고 잠시 뒤에는 다시 보이지 않을 정도로 작은 점들이 되어 사라지는 것이었다. 많은 동물이 고비사막에서의 생활을 어려운 고비 없이 잘 넘기고 있었다.

〈고비의 게르〉

〈고비사막〉

〈고비와 초승달〉

〈고비의 길〉

〈고비와 푸르공(러시아산 차로 험한 길을 달릴 때 최고의 차였다)〉

〈고비와 낙타 무리〉

23. 러시아 071호 열차 탑승기
(세베로바이칼스크-울란우데)

러시아 열차는 모두 고유 번호를 가지고 있는데 그 많은 열차를 구별하는 법은 열차의 고유 번호다. 그중에서도 001번에서 100번까지의 열차는 고급 열차에 속하고 요금도 조금 비싸다. 그리고 열차 번호가 200, 300, 400 등 숫자가 높아질수록 열차의 등급이 낮아진다. 지금까지 내가 러시아에서 탄 열차 중에서도 가장 고급 열차인 071호 열차 탑승기를 별도로 적어 본다.

먼저 열차의 탑승은 탑승구 앞에서 출발 10~20분 정도 전에 승차권과 신분증을 확인하는데, 승차권에는 나의 이름과 여권번호가 기재되어 있어 다른 사람이 나의 승차권을 가지고 절대 승차할 수 없다. 그리고 열차를 타면 승차권에 기록된 침대칸으로 간다. 침대는 상, 하로 2명, 마주 보는 곳에 상, 하로 2명으로 4명이 한 칸을 함께 사용한다. 아래 침대는 홀수 번호, 위 침대는 짝수 번호다. 러시아 열차를 타면 객차 1대에 1명 혹은 2명의 승무원이 여행을 돕는데, 장거리 여행자에게는 수건, 베갯잇과 침대보 2장을 준다. 1장은 매트리스 위를 덮고 한 장은 덮고 자는 용도다. 승차권은 모든 승객이 승무원에게 맡기는데 승무원은 승객들이 준 승차권을 보관하다가 승객의 목적지 도착 30분 전에 승차권을 돌려준다. 승차권을 받은 승객은 내릴 준비를 하고 수건, 베갯잇과 침대보를 승무원에게 반납해야 한다. 이것은 혹시 침대에 두고 내리는 물건이 없는지 확인하는 절차인 동시에 자기가 사용한 것을 다른 사람이 다시 사용하지 못하게 하는 역할도 하여 정말 좋은 방법이라고 생각되었다. 승무원들은 수시로 객차 안을 청소하고 혹시 발생할지도 모르는 사고를 예방하는 활동 등을 통해 승객들이 안심하고 여행할 수 있도록 돕는다. 그리고 여행에 필요한 간단한 음료수와 라면, 간식거리를 팔기도 하고 차를 마시기 위한 컵을 빌려주기도 한다. 아래의 숫자는 도착 시각, 출발 시각, 정차 시간을 나타낸다. 아래의 표는 모든 열차의 각 객차에 부착된 열차 운행표인데 정말 시각에 맞게 도착하고 출발했다.

〈열차 시간표〉

〈열차 내부〉

2018년 8월 7일 러시아 바이칼호수 북쪽에 위치한 세베로바이칼스크는 작지만 20분 정도만 남쪽으로 걸으면 호수에 이르는 조용한 도시다. 3일 동안의 휴식을 뒤로하고 오전에 호숫가에서 멋진 시간을 보내고 드디어 14시 30분경에 역에 도착하여 열차에 탔다. 여기서 출발하는 열차라 빨리 탑승할 수 있었다.

■ 2018년 8월 7일(D-Day)

○ 15:06 Severobykal'sk

열차는 정시에 출발했다. 열차의 내부는 고급 열차라 청결했고, 특히 내가 탄 열차는 승무원 사무실 칸도 있고 장애인 침대칸과 장애인용 화장실이 있어 정말 안락한 이용과 여행이 되었다.

○ 15:44~15:46(02) Goudzhwekit

이 역에는 많은 화물 객차가 정차해 있었다.

○ Doban

이 역은 정차만 하는 역이라 승객의 변화가 없었다.

정차하는 동안 많은 화물 열차가 지나갔는데, 내가 탄 열차는 너무 조용해서 마치 열차가 고장이 나서 서 있는 것 같았다.

○ 16:37~16:39(02) Kunerma

여기까지 오는 철길 주변은 전형적인 타이가 숲 지역이었다. 그리고 철길 옆으로는 국도가 항상 같이 있어 어쩌다 자동차가 지나가면 먼지를 날리곤 했다. 그리고 철도 옆의 국도는 철도가 막히면 긴급도로가 되고 국도가 막히면 철도가 긴급 구조 도로가 되어 서로 돕는 역할을 하는 것 같았다.

○ 17:28~17:43(15) Ul'kan

15분을 정차하는 이 역에서는 승객들이 잠시 내려 담배를 피우거나 역 밖에 있는 상점으로 가서 음료수나 먹거리를 샀다.

○ 19:11~19:21(10) Kirenga'

이 역을 지나자 차창 밖은 점차 어두워지기 시작했다.

○ 20:02~20:04(02) Nebel

완전히 어두워졌다.

○ 20:36~20:38(02) Niya

라면과 준비한 오이, 소시지로 저녁을 먹었다.

○ Irdykan

이 역도 정차만 하지 승객의 변화가 없는 역이다.

○ 21:19~21:21(02) Zvezdnaya

지금까지 지나온 역에 정차된 화물 열차를 살펴보니 내가 2016년 5월 처음 러시아 횡단 열차를 타고 다니며 본 화물 열차와 많은 차이점이 있었다. 그때는 통나무를 실은 화물칸이 많았다. 그런데 지금은 통나무보다 제재소에서 일차로 가공한 나무판을 실은 화물칸이 99%이고 통나무를 실은 화물칸은 어쩌다 가끔 볼 수 있는 정도였다. 그리고 컨테이너를 엄청나게 달고 가는 열차도 거의 10분 간격으로 계속하여 서쪽으로, 동쪽으로 달리고 있었다. 그때보다 경제 사정이 많이 좋아졌다는 것을 피부로 느낄 수 있었다.

■ 2018년 8월 8일(D+1)

○ 00:10~02:13(123) Lena

　　레나역에서 123분을 쉬는데, 깜깜한 어둠이라 어디 다른 곳에 갈 수가 없어 역의 정면을 사진으로 찍었다. 철도 공사 폐자재 중 철도를 고정하는 못을 모아 둔 곳이 있었다. 아마 오래되어 곧 폐기 처분할 것 같았다. 그곳에서 철로를 고정하는 못 하나를 주웠다. 오래되어 녹이 슬었지만, 철로를 고정하는 못으로써의 역할을 당당히 한 놈이다. 내가 이번 여행에서 가장 멋진 기념품을 획득한 것이다. 첫 중국 여행에서 둔황의 밍사산 모래를 가지고 와서 지금도 집에 보관하고 있는 것처럼 이 못은 정말 중요한 기념품이 될 것이다. 이 못이 고정한 철로 위로 얼마나 많은 기차가 지나갔는지는 아무도 모를 것이다. 조금 무게가 나가지만 소중하게 휴지로 싸서 보관했다. 이번 일정 중 가장 오래 쉬는 역이라 자지 않고 기다렸다. 071호 열차는 전기의 힘으로 움직이는 열차라 열차가 정차하는 동안 전원을 내리면 열차에서 어떤 소리도 나지 않아 열차 주변의 새 소리, 물소리도 들릴 만큼 적막하고 잠을 잘 때도 마치 숲속의 집 안방 침대에서 자는 것같이 편안하게 잠을 잘 수 있어 정말 좋은 인상이 남은 열차였다. 레나강을 건넜다. 레나강을 건너는 철도는 단선이라 오직 한 열차만 지날 수 있다. 왜 복선으로 하지 않는지는 나는 모른다. 강을 건널 때 깜깜하지만 바깥 풍경의 사진을 찍었다.

○ 02:59~03:01(02) Yantal'

　　잠을 잠.

○ 03:14~03:16(02) Ruchey

　　잠을 잠.

○ 04:08~04:10(02) Semigorsk

날이 새고 있어 일어나 세수를 하고 커피를 마셨다.

○ 04:54~04:56(02) Khrebtovoya

차창 밖은 짙은 안개가 자욱하여 경치를 볼 수 없었다.

○ 05:26~06:42(76) Korshunikha-Angarskaya

열차는 아직도 안개 속을 달리고 있었다.

○ 08:10~08:12(02) Vidim

이제야 해가 떴다. 역 사진을 찍었다.

○ 09:10~09:12(02) Kezhemskaya

역 사진을 찍었다.

○ 09:48~09:50(02) Zyaba

전형적인 시베리아숲 경치를 보여 주었다.

○ 10:15~10:32(17) Gidrostoritel

열차는 높은 산에서 굽이굽이 돌아 드디어 브라츠크 지역을 달렸다. 브라츠크 지역은 1960년대에 브라츠크 수력발전소가 건설되면서 인공 호수인 브라츠크해가 만들어졌다. 열차가 지나가는 아주 좁은 곳을 막아 댐과 함께 수력발전소가 만들어졌는데 지도에 보면 엄청난 곳에 물이 고여 바다와 같다고 하여 브라츠크해라는 이름을 가지게 되었다. 댐을 돌면서 댐으로 만들어진 도시 기드로스트로이텔역, 파둔스키예 포르기역, 안쵸비역 3곳의 역에 정차하게 된다.

○ 10:54~11:11(17) Padunskie Porogi

좌측에 브라츠크해를 옆에 두고 역이 있다.

○ 11:45~11:54(09) Anzebi

댐 건설로 만들어진 황량한 도시이지만 브라츠크의 중심 도시다.

○ 12:22~13:00(38) Vikhorevka

점심때도 되었고 열차도 오래 쉬길래 사진도 찍을 겸 해서 많은 사람이 가는 곳으로 가니 제법 큰 슈퍼마켓들이 줄지어 있었다. 그중 한 곳에 들어가 맥주 4캔(280루블)과 비닐봉지(10루블)를 도합 290루블에 샀다. 여기서부터 초원이 시작되었다.

○ 15:12~15:18(06) Chuna

넓은 초원지대를 지났다. 마주 보는 침대에서 함께 여행하게 된 러시아 치과의사 '이고르', 그리고 그의 14살 된 아들과 휴대폰 번역 앱을 이용하여 많은 이야기를 나누었다. 러시아에서는 의사라는 직업은 중상의 경제를 누리는데 한국에서는 최고의 경제생활을 한다고 했더니 부러워하며 한국에 오고 싶어 했다. 한국의 의사는 영어를 잘해야 한다고 하니 실망하는 눈치였다. 닥터 지바고같이 준수한 외모였다.

○ 18:39~19:14(35) Tayshet(4,515㎞)

드디어 모스크바로부터 4,515㎞ 떨어진 타이셰트에 도착했다. 여기서부터 동쪽으로 BAM(바이칼, 아무르 간 간선 철도)이 시작되는 지점이다. 열차가 쉬는 동안 맥주 2캔과 라면으로 저녁 식사를 했다.

이제부터는 시베리아 횡단 철로를 따라 달리게 될 것이다.

이곳은 예전에 굴라크 수용소로 향하는 죄수들의 환승역으로 유명하며, 알렉산드르 솔제니친이 저술한 『수용소군도』에서는 타이셰트역을 가혹하게 묘사했다고 한다.

○ 20:24~20:26(02) Alzamay

어두워졌다.

○ 21:48~22:01(13) Nizhneudinsk

금, 모피 산업으로 유명한 지역의 중심 역이다.

○ 23:37~23:40(03) Tulun

목재 산업이 유명한 지역의 중심 역이다.

■ 2018년 8월 9일(D+2)

○ 00:46~00:48(02) Kuytun

잠을 잠.

○ 01:45~02:15(30) Zima(4,934km)

'겨울'이라는 뜻의 이름을 가진 역이다. 정치인들의 유배지로 유명한 곳이라고 한다.

○ 03:05~03:07(02) Zalari

잠을 잠.

○ 03:35~03:37(02) Kutulik

잠을 잠.

○ 04:06~04:08(02) Cheremkhovo

일어나 세수를 하고 다시 누웠다.

○ 05:02~05:05(03) Usol'e-Sibirskoe

드디어 안가라강과 만나는 지역에 있는 역에 도달했다.

○ 05:28~05:30(02) Angarsk(5,145㎞)

시계 박물관과 석유로 유명한 지역의 역이다.

○ 06:03~06:05(02) Irkutsk Sort

드디어 이르쿠츠크 지역에 들어왔다.

○ 06:20~06:55(35) Irkutsk Pass(5,185㎞)

　드디어 열차는 모스크바에서 5,185㎞에 위치한 이르쿠츠크역에 정시에 도착했다. 이곳은 바이칼호수 여행의 출발점이기도 했다. 열차가 도착하자 세베로바이칼스크에서부터 함께 열차의 3번째 칸의 9, 10번 침대를 사용한 치과의사 '이고르'와 그의 아들이 여기에서 내렸다. 이제부터는 혼자 사용해야 했다. 열차에서 내리기 전에 승무원이 승차권을 주면서 다음에 정차하는 역에 내려야 하며 사용하던 침대보, 수건, 베갯잇 등을 정리하여 반납해 달라고 했는데 늦잠을 자던 '이고르'는 그것들을 그냥 내버려 둔 채로 바로 내려 버렸다. 나로서는 2016년에 왔던 역이라 반가웠고 또 아침이라 먹을 것을 사러 역 밖으로 나오니 2년 전과 변한 것이 없어서 좋았다. 야트막한 언덕 아래에 있는 역, 트램 선로, 택시 호객 행위, 화장실이 역 밖에 있고 계단을 걸어 올라가야 하는 것 등 모든 것이 나름대로 익숙했다. 다만 왼쪽 높은 곳에 있는 시계탑의 전광판 시계는 고장 나 있었다. 6시라는 시만 나타나고 분은 나타나지 않았다. 사진을 찍고 조그만 빵만 사서 열차로 돌아왔다. 열차로 돌아오니 9, 10번 침대가 깨끗하게 정리가 되어 있었다.

○ 08:58~09:00(02) Slyudyanka1

환바이칼 열차의 출발역이다. 환바이칼 열차는 바이칼호수를 완전히 한 바퀴 도는 것이 아니고 바이칼호수의 남쪽 평탄한 부분에 건설된 시베리아 철도 중 일부분을 천천히 달리는 열차를 운행하여 관광객들이 열차를 타고 가면서 창밖의 경치를 구경하는 열차다. 열차는 바이칼호수를 좌측에 두고 달렸다. 차창 밖의 호수 경치가 좋았다. 호수 건너편의 높은 산들이 마치 병풍같이 바이칼호수를 둘러싸고 있어 아름다운 경치를 보여 주었다.

○ 09:45~09:47(02) Baikal'sk

아주 작은 역이었다.

○ 10:18~10:20(02) Vydrino

열차는 아직도 바이칼호수를 좌측에 두고 달렸다.

○ 11:34~11:36(02) Mysovaya

바이칼에서 생산된 자갈을 실은 열차가 많이 보였다.

○ 12:31~12:33(02) Timlyuy

역 주변에는 별장 같은 오래된 집들이 많았다.

○ 12:49~12:51(02) Selenga

드디어 바이칼호수의 경치가 끝났다. 그리고 몽골에서 시작되어 바이칼호수에 가장 많은 물을 공급하는 셀렝가강의 셀렝가역에 도착했다. 넓은 늪지대가 계속되며 바이칼의 가장 아랫부분을 지나온 것이었다. 삼각주가 넓게 분포되어 있어 오랜 시간 바이칼에 물을 공급한 강이라고 한다. 지금까지 바이칼호수를 따라 돌면서 달리는 열차 길은 동해안 열차에 탑승한 것과 같은 경치를 보여 주어 환상적이었다.

○ 13:10~13:12(02) Talovka

셀렝가강을 따라 열차는 달렸다.

○ 14:06 Ulan-Ude' Pass

드디어 2일 동안의 열차 여행의 종점인 울란우데역에 도착했다. 열차는 정해진 시각보다 조금 늦은 14시 18분에 도착했다. 종점역이라 많은 사람이 내렸다. 역 앞에는 많은 택시가 손님을 부르고 있었다.

울란우데는 몽골에서 시작되어 러시아 바이칼호수로 들어가는 셀렝가강의 하류로, 옛날부터 몽골 사람들이 모피와 고기를 가지고 셀렝가강을 따라 내려와 교역하던 도시다. 그래서인지 몽골의 수도 울란바토르와 같은 첫 이름(울란)을 가지고 있었다. 휴대폰 앱을 이용하여 숙소의 위치를 나타나게 하고 길을 따라 천천히 역을 빠져나와서 오른쪽 길을 따라 걸었다. 차도 많이 다니고 길에는 나무가 거의 없어 햇볕이 뜨거웠다. 길을 건너서 조금 더 걸으니 슈막이라는 호텔이 있었다. 입구에 있는 나무 기둥에는 타르쵸가 묶여 있었는데, 초원의 길잡이 같은 의미인지, 아니면 주인이 몽골인이라 그런 것인지 모르겠지만 나름대로 의미가 있게 보였다. 2016년 북킹닷컴(www.booking.com)에서 8.9라는 평점을 받았다는 표시도 있었다. 체크인을 하니 입구 바로 오른쪽에 있는 독방을 배정받았다. 아직도 열차 멀미로 속이 울렁거렸다. 샤워하고 면도도 하고 잠시 침대에 누워 휴식을 취했다.

그리고 휴대폰과 책의 지도를 비교하면서 도시를 읽어 봤는데, 감이 빨리 잡히지 않았다. 1시간 이상이 지나서야 울란우데의 도시는 세렌가강 강가의 오래된 도시이고 열차 역은 도시 위쪽에 위치하고 있다는 것을 알 수 있었다. 17시경에 저녁을 먹기 위해 천천히 걸어서 지하도를 지나 걸어가니 그 유명한 레닌 두상이 나오는 공원이 있었고 그 왼쪽으로 분수대가 있었다. 신호등이 있는 건널목을 건너 분수대로 가니 서구식 건물들이 있고 발레 조각상도 있었다. 사진을 찍고 둘러보는데 한국인 두 사람이 벤치에 앉아 있었다. 인사를 하고 이야기를 나누니 자기들은 어제 도착했다고 하면서 아래로 난 길을 따라 성당까지 걸어 보라고 했다. 그리고 97번 버스를 타고 종점에 가면 절이 있는데 가볼 만하다는 것이었다. 함께 저녁 식사라도 할까 생각하다가 좀 더 현장을 익혀야 하기에 일어나 성당으로 이어진 길을 따라 걸어 내려갔다. 개선문도 있고 전통 건물도 있고 대형 쇼핑몰도 있는 것 같았다. 하지만 몽골로 가기 위한 버스 터미널을 찾아야 하기에 좌우를 살피면서 걸어서 아래에 도착하니 버스정류장이 있었다. 알고 보니 시내버스 종점이었다. 쉬고 있는 기사에게 몽골 울란바토르로 가는 버스는 어디에서 타느냐고 물으니 휴대폰에 찍어 주었는데 버스 표시가 있고 운동장 그림의 옆 부분에 있었다. 일단 위치는 알았으니 내일 찾아가기로 하고 종점에 있는 상점에 가서 먹을 것을 몇 가지 샀다. 그리고 돌아오는 길에 포름이라는 쇼핑몰에 들어가니 1, 2, 3층에 고급 상가가 형성되어 있었다. 화장품, 옷, 휴대폰 등을 팔고 있고, 지하에는 식품 코너도 있는 전형적인 쇼핑몰이었다. 3층으로 엘리베이터를 타고 올라가니 역시 식사 코너가 있는데 써브웨이, 초밥, 햄버거 등을 파는 가게들이 있었다. 그중에서 초밥만 그나마 나의 구미를 당겼고 빵과 함께하는 음식은 쳐다보기도 싫었다. 오랜만에 쌀밥을 먹으니 살 만했다. 특히 미소 된장국이지만 국을 먹으니 더 힘이 났다. 22시에 문을 닫는데 40분에 나와 좀 더 분수대에 있다가 걸어서 숙소로 돌아왔다.

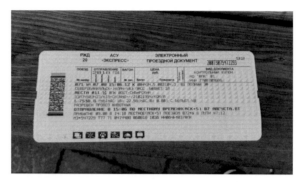

〈열차 071호 승차권〉

〈2018년 8월 8일 00:10~02:13 사이에 레나역에서 습득한 철로 못〉

24. 왜 성당과 중요한 건물의 지붕은 돔으로 되어 있을까?

유럽 여행과 아시아 여행에서의 차이점은 많지만 확실한 한 가지 차이점은 유럽 여행에서는 엄청나게 많은 돔 건물을 볼 수 있다는 것이다. 유럽의 각 성당과 위대한 건축물에는 어김없이 돔 지붕이 빛나고 있었다. 또 몇 곳의 유명한 곳에서는 돔 위까지 걸어 올라갈 수 있게 해 주어 높은 곳에서 도시를 내려다볼 기회를 주기도 했다. 또한 중앙에 높은 돔의 건물을 중심으로 양쪽으로 마치 팔을 벌려 모든 것을 안으려는 모습의 둥근 회랑과 열주들은 건물들을 더욱 웅장한 건축물로 보이게끔 했다. 이런 돔의 지붕은 먼저 아치형의 건축물을 만들 수 있게 되면서 가능하게 된 것이라는 생각이 들었다. 아치를 둥글게 원을 그리면 돔이 된다. 그리고 그 돔 아래에는 항상 그 나라, 혹은 그 지역에서 가장 위대하다고 생각하는 사람의 동상이 위치하고 있었다. 보통 사람이 머무는 장소는 평평한 천장 아래의 장소이고 높은 사람은 항상 돔 아래에 위치하고 있다는 말이다.

나는 그 이유를 몽골 초원의 게르를 만나 그 속에서 잠을 자 보니 알 수 있었다. 여기 러시아 울란우데 자연사 공원인 민속 박물관에서 찍은 사진을 보면 특히 더 잘 알 수가 있다. 즉, 인간은 처음 넓은 동굴에서 별 탈 없이 살 수 있었다. 그러나 인구가 늘어나고 문명화되자 습도가 높고 어두운 동굴에서 점차 태양이 비치는 동굴 밖으로 나왔을 것이다. 그때

가장 쉽게 또 빠르게 만들 수 있는 집의 형태는 나무를 잘라 그대로 서로 어긋나게 기대고 그 바깥에 동물 가죽을 두른 원뿔 형태의 집이었다. 그런데 그렇게 만든 집 안은 위로 갈수록 너무 좁아 설 수도 없고, 몇 명 이상 앉을 수도 없는 불편한 집이었다. 그렇게 오랫동안 지내 오면서 누군가가 둥근 형태의 집을 만드는 기술을 개발하여 지금의 게르 형태가 되었을 것이다. 그 당시 그런 게르 형태의 집은 굉장한 힘을 가진 자, 즉 우두머리나 제사장 등만 소유할 수 있었고 약한 사람은 엄두도 못 내는 엄청난 힘의 상징이었을 것이다. 그리고 그 위대하고 전지전능한 인간을 둥근 지붕 아래 바로 돔 아래에 모시게 되었다고 생각되었다. 후에 유목 민족의 이동식 게르가 초원을 따라 서양으로 가게 되고 서양 건축의 기본이 되었다고 생각된다.

〈움막집〉

〈둥근 천막집 게르〉

〈성인의 집 돔〉

2017/01/09 12:10

25. 다양한 방법으로 국경 넘기

    나는 적은 돈으로 여행을 해 왔기 때문에 특별한 경우가 아니면 비행기를 타지 않고 배, 기차, 버스로 국경을 넘는 경우가 많았다.

    국경을 넘어가면서 보고 느낀 것을 적어 본다.

① 러시아 울란우데, 몽골 울란바토르 간 국경 넘기(국제 버스)

■ 2018년 8월 12~13일(울란우데, 울란바토르 간)

    아침에 일어나 라면으로 아침을 해결하고 11시까지 슈막 게스트하우스의 숙소에 있다가 체크아웃을 하고 여행 가방을 가지고 나왔다. 시내버스 정류장에서 97번 버스를 타고 남쪽에 있는 울란우데 시외버스 터미널에 도착하여 터미널 화장실 관리인에게 가방을 50루블에 맡기고 다시 97번을 다시 타고 북쪽 종점인 린포체 박샤 사원(티베트 불교 사원)으로 이동했다. 박샤 사원에서 울란우데 시내 경치를 구경하며 14시까지 바람과 함께 시간을 보냈다. 언덕 정상에 있는 박샤 사원은 많은 울란우데 시민과 관광객들이 꼭 들리는 곳으로 특히 결혼식을 하고 하객과 가족들이 와 부처님께 인사를 드리고 사진을 찍는 곳으로 유명하다. 이곳에는 십이지상의 조각이 있는 둘레길도 있어 자신의 출생 연도와 같은 해의 동물을 찾아 사진을 찍어 보는 재미있는 곳도 있었다. 둘레길을 걸어 보았지만 생각보다는 단조롭고 피곤했다. 점심은 간단한 빵과 콜라로 대체했다. 14시경에 다시 버스를 타고 전통시장으로 갔다. 일요일이지만 사람들이 많이 나와 있고 과일 판매점과 정육점, 기타 생필품 판매점에도 사람들이 많이 있었다. 여행 중 먹을 과일(350루블)을 샀다. 그리고 15시에 터미널에 도착하여 보관 영수증을 제출하고 가방을 받았다. 대합실에서 기다리는데 엄청난 소나기가 내려 더위를 식혔다. 18시가 되자 울란바토르행 국제 버스가 도착했는데 우리나라에서 사용한 후 수출된 현대 버스였다. 가방을 버스 아래 짐칸에 넣고 버스에 오르니 "금연", "이 버스에 탑승하신 것을 환영합니다."라는 한글 문구가 그대로 남아 있었다. 45인승 버스는 다양한 손님을 태웠는데 국경 무역을 하는 몽골인(짐이 생각보다 작았다), 몽골 전통 모자를 쓴 몽골인, 몽골인과 모습이 같은 러시아인들 등이 타고 있었다. 지금까지 국경을 넘어 본 경치와는 또 다른 차분한 모습이었다. 19시가 되자 버스는 출발했다. 버스는 울란우데 시내를 지나 멋진 다리가 인상적인 셀렝가강을 건너 남쪽으로, 남쪽으로 내려간다. 처음에는 광활하고 멋진 초원이 시작되더니 구스레이크(철새 거위가 많은 호수)를 옆에 끼고는 높은 언덕을 넘어가고 울창한 숲도 지난다. 이제 차창 밖은 캄캄해졌다. 화장실이 그리워질 때인 22시 40분경에 차가 어떤 시골 정류장에 섰는데 화장실(이용 비용 50루블)과 조그만 식당에서 간식을 먹을 수 있었다. 얼마 후 차는 다시 출발했다. 그리고 22시 56분경에 러시아 군인이 탑승하여 인원을 파악하는 첫 검문이 실시되었다. 모두 차 안에서 여권을 보여 주면 일일이 확인을 했다. 검문을 마치자 다시 어둠 속으로 버스는 출발했다. 조금 더 달리니 길 양옆으로 조명등이 환하게 켜져 있고, 양옆으로 철조망 담장이 있어 차 한 대가 지나갈 수 있을 만한 길로 차가 들어섰다. 그때의 시간이 23시 10분경이었다. 또 다른 군인이 개와 함께 올라와 여권과 사람을 점검하고 숫자를 확인하고 내려갔다. 다시차가 이동하여 국경 사무소 앞에 멈춰 서니 모든 사람이 짐과 함께 내렸다. 러시아와 몽골 국경은 한밤중에도 문을 닫지 않고 출입국 사무를 처리하여 언제든지 국경을 넘을 수 있다는 것이 새로웠다. 러시아 출국 절차는 간단하여 별 검사 없이 모두 통과시켜 주었다. 다시 모든 승객이 짐과 함께 버스에 승차하여 출발했다. 2분도 되지 않아 다시 몽골 출입국 사무소에 도착했다. 다시 모든 사람이 차에서 짐을 가지고 차례차례 입국 심사를 받는데 별 탈 없이 통과했다. 드디어 내 차례가 되어 한국 여권을 보여 주었는데, 한참을 보더니 여기저기 전화를 걸고는 입국 도장을 찍어 주지 않는다. 그리고 나를 기다리라고 하고 내 뒤의 사람들을 먼저 검사를 받게 하고 통과시켜 주었다. 이제 모든 승객은 입국 수속을 받고 차로 돌아가고 나만 남게 되었다. 나의 여권에는 지난 6월 부산 몽골 대사관에서 받은 비자가 확실히 있고 오랜 여행으로 출입국 스탬프와 중국 비자 등 여행의 흔적이 많아 여행자가 확실한데 입국 심사 시간이 지체되어 황당했다(8월부터 출국과 입국의 항공권이 있어야 비자가 발급되었다). 나는 왜 늦느냐고 항의를 하려다가 무조건 조용히 기다렸다. 이미 모든 승객은 버스를 타고 나를 기다리고 있었다.

내 참! 12일 23시 40분경에 몽골 출입국 사무원 앞에 섰는데 다른 몽골인과 러시아인들은 다 통과하고 몽골에 입국했는데 나는 한참 동안 내 여권을 가지고 여기저기 전화를 걸고 이리저리 왔다 갔다 하다니! 드디어 사무원의 손에 쥔 스탬프의 입국 날짜를 바꾸어 13일 00시 10분에야 여권에 입국 도장을 찍어 주었다. 그래서 내 몽골 입국 날짜는 13일이 되었다. 몇 분 차이로 하루라도 더 몽골에 머물 수(30일 체류 가능) 있게 하는 배려인지, 입국이 불가한데 어쩔 수 없이 통과시켜 주는 것인지, 좌우지간 어렵게 통과를 시켜 주어 좋은 기분은 아니었다. 나 이외의 모든 승객이 나를 기다리고 있고 몇 번을 다시 실은 짐칸은 빈 곳이 없어 좌석 옆에 가방을 둘 수밖에 없었다. 몽골에 입국하자마자 국경 철조망 옆 큰 건물에 버스를 세웠다. 버스가 도착하자 많은 환전상이 계산기를 들고 나타나 환전을 하라고 했다. 돈을 벌기 위해서는 잠도 필요 없는 것이 인생이다. 일단 약간의 뜸을 들인 후에 남은 루블을 환전했다. 환율 정보가 없어 주는 대로 받으니 37,500투그릭(Tugrik) 정도 되었다. 국경 통과로 힘들었는지 모두 건물 속 큰 식당으로 가서 늦은 밤 식사를 하기 시작하였다. 식사는 생각이 없고 목이 말라 건물 안에 있는 슈퍼에 가서 차를 한 병 사니 2,500투그릭이었다. 밖에 앉아 있었더니 한국 젊은이들이 보였다. 인사를 하고 이야기를 나누니 그들은 몽골여행을 마무리하고 내가 지나온 역방향으로 가는 러시아 울란우데행 버스를 탄 학생들이었다. 그들은 어제 19시에 울란바토르에서 출발하여 도착한 것이라고 했다. 여행에 관한 정보를 나누고 즐거운 여행이 되길 기원하였다. 차가 출발하자 출입국으로 피곤했는지 깊은 잠에 빠졌다. 잠결에 어떤 도시에 도착하여 몇 사람이 내린다. 또다시 차는 출발했는데 차창 밖이 밝아 날이 새었는데도 도저히 정신을 못 차릴 지경이었다. 해가 뜨고 버스는 초원 언덕을 넘고, 초원길을 달려 05시 40분에 울란바토르에 도착했다. 비몽사몽 간에 차에서 내렸다. 버스 여행길 내내 같이 앉아서 온 러시아 불교 신자가 다시 만나기를 원했지만 나는 그와 작별인사를 나누었다. 정신도 몽롱하고 하여 버스를 탈 생각도 없고 택시를 탄다고 탔는데 최고의 사기꾼을 만나 5,000투그릭 정도의 요금이면 도착하는 거리를 30,000투그릭을 지불하여야 했다. 휴대폰 앱으로 내가 가야 하는 길을 보여 주었는데도 주변을 빙빙 돌아 나를 우롱했다. 북킹닷컴(www.booking.com)으로 예약한 시티 게스트하우스에 도착하여 샤워를 하고 깊은 잠을 잤다.

〈러시아 울란우데 버스 터미널〉   〈러시아 울란우데에서 몽골 울란바토르까지 가는 버스 승차권〉

② 중국 만주리, 러시아 자바이칼스크 간 국경 넘기(국제 버스)

■ 2018년 7월 26일(만주리, 자바이칼스크 간)

    중국 북쪽 러시아 국경 도시의 북쪽 시외버스 터미널 옆 만주리 유스 호스텔 침대에서 잠을 잘 자고 06시에 일어나 러시아로 갈 준비를 했다. 07시가 넘어 일단 만주리 국제 버스 터미널에 가서 알아보니 09시에 러시아 자바이칼스크로 가는 버스가 있어 국제 버스 승차권을 샀다. 숙소로 돌아와 아침을 먹을 시간도 없이 바쁘게 퇴실을 하고 바로 터미널로 가니 이미 러시아행 국제 버스가 탑승객들을 기다리고 있었다. 특히 만주리 국제 버스 터미널에서 국경을 넘는 사람을 도와주며 돈을 버는 여자가 나를 알아보고 어제 분명히 몽골로 갔는데 왜 다시 보이냐며 이야기를 걸었다. 나도 황당하다는 표정을 지으며 관리직원을 가리키며 저들이 갈 수 있다 하여 버스 승차권을 사서 버스를 타고 갔는데 중국과 몽골 챠오발산으로 가는 국경에서 제지당해 다시 돌아와 할 수 없이 러시아로 넘어가게 되었다고 하니 자기들도 황당한지 웃는다. 러시아인들로 가득 찬 버스를 타니 모두 국경을 오가며 장사하는 사람들이었다. 항상 보는 사람만 보다가 이상한 나라에서 온 내가 타니 모두 관심을 보였다. 그중에 61세 되는 남자 몽골인이 영어를 조금 할 줄 알아 서로 이야기를 하여 나의 정체를 알게 되고 그들의 흥미를 유발하게 되었다. 나의 옆자리에 건장한 러시아 젊은이가 마지막으로 승차하자 버스가 출발했는데 그 이유도 나중에 알게 되었다. 09시에 출발한 버스는 오른쪽에 거대하게 지어진 러시아풍 건물의 테마 공원을 옆에 끼고 달린다. 테마 공원은 오로지 중국 사람들을 위한 것으로, 내가 보는 견지에서는 허풍이 많이 들어간 전형적인 중국식 테마 공원이다. 그런데 갑자기 가장 앞 좌석에 앉은 진한 화장을 한 두 여자가 일어나 러시아 말을 신나게 하더니 휴대폰 1개와 충전지 3개씩을 모두에게 돌렸다. 그런데 나에게는 주지 않았다. 국경을 지나고서야 그 이유를 알게 되었다. 09시 30분에 국경에 도착하고 중국 측에서는 짐 검사를 하지 않고 오직 여권만 검사하고 통과시켜 준다(10시 42분). 여권을 검사할 때는 출입국 담당자가 일을 잘하는지 여권을 돌려줄 때 업무 만족도를 체크하는 기능(한국어로 표시됨)도 있었다. 다시 버스를 타고 천천히 러시아로 진입하는데, 시간이 엄청나게 걸렸다. 알고 보니 버스마다 가득 실은 보따리를 전부 내려 짐 검사를 해야 하기 때문이었다. 내가 버스에 승차할 때 버스 아래의 짐칸에 내 가방을 넣을 자리가 없다고 하여 힘들게 버스의 안으로 들고 들어가 나의 좌석 옆에 두게 되었는데 알고 보니 이미 어마어마한 짐들이 버스의 짐칸과 지붕 위에 실려 있었던 것이었다. 중국에서는 수출하는 상품이 무엇이든 검사하지 않고 오직 사람만 출국하는 업무를 맡아 간단히 통과시켜 주었으나 러시아 출입국 사무소는 모든 짐을 검사하여 한 사람이 통과할 수 있는 양만큼만 통과시키고 마약류나 기타 위험물을 철저히 검사하고 있는 것이었다. 나는 가방만 가지고 출입국 사무실로 들어섰는데 깜짝 놀랐다. 우리차의 승객은 물론이고 앞차의 승객들까지 자신보다 큰 짐 보따리를 옆과 앞에 두고 앉아 있어 들어갈 엄두가 나지 않았다. 그런데 우리 버스의 승객들 중 한 분이 나에게 손짓을 하여 따라가니 그곳에도 엄청난 짐과 사람이 기다리고 있었다. 많은 승객이 줄지어 있는 그중의 한 줄을 가리키며 그곳에서 기다리라고 했다. 엄청난 짐 보따리에 놀라고 탁한 공기, 소음 등으로 인해 정신이 없는데 기다리고 기다려 내 차례가 왔다. 출입국 담당자 앞에 섰는데 내 여권을 보면서 어디론가 한참 전화를 하더니 심지어 문을 닫고는 여권을 가지고 어디론가 가 버렸다. 아니, 어제도 몽골로 넘어가기 위해 만주리에서 출발하여 5시간의 초원을 달려 아리하샤트 출입국 사무소에서 중국 출국을 금지당하여 몽골 챠오발산으로 들어가지 못하고 다시 돌아와 할 수 없이 러시아로 넘어가려는데, 또다시 이번에는 러시아 입국이 늦어지니 엄청 초초했다. 하물며 여권을 가지고 가며 자기 부스의 문도 잠그고 사라지다니! '에라이! 될 대로 되겠지' 하고 낙담하여 옆에 있는 의자에 앉으니 같이 버스를 타고 온 영어를 할 줄 아는 몽골인 노인이 나에게 걱정하지 말라고 하며 그 직원은 단지 자기 업무 시간을 채워 점심시간이 되어 식사하러 갔다는 것을 알려 주었다. 12시 15분이 지나고 있었다. 초조한 마음으로 30분 정도를 기다리니 그 담당자가 다시 와서 여권을 돌려주며 다른 창구로 안내해 통과하게 해 주었다. 일단 입국은 되었지만, 세관을 통과해야 하는 과정이 남았다. 가방을 들고나오니 직원이 뭐라고 말을 한다. 눈치를 보니 가방을 커다란 저울 위에 올리라는 말이었다. 저울에 올리니 무게는 통과되었다. 다음은 몇 군데 있는 큰 탁자에 가방 내용물을 다 내어 전시하라는 말과 행동을 했다. 주변을 보니 엄청난 보따리를 가지고 나온 러시아 사람들이 보따리를 풀어 내용물을 모두를 탁자 위에 펼쳐 놓고 있었다. 그리고 보따리 속에는 모두 의류(여자 속옷, 어린이 옷 등)가 들어있었는데, 가벼운 가방에 꾹꾹 눌러 가득히 담아 국경 통과 무게에 맞게 각자 3개의 보따리 양이었다. 나도 따라서 가방을 열고 모든 것들이 보이게 펼쳐 두었다. 심지어 호주머니 속에 든 것도 모두 다. 모든 내용물이 탁자에 펼쳐지자 뚱뚱한 여성 러시아 세관원이 짐 하나하나를 뒤적이며 철저하게 검사했다. 검사가 끝나면 다시 모든 것을 다시 포장해야 했다. 그러니 엄청난 시간이 소요되었다. 짐도 짐이지만, 내용물도 엄청난 양이었다. 여행 중인 내 가방의 내용물은 보따리상의 내용물과는 비교가 되지 않았다. 러시아 여성 세관원은 잠시 나의 내용물과 내 모습을 보더니 말없이 통과시켜 주었다. 이제야 러시아로 당당하게 입국하게 된 것이었다. 건물 밖으로 나오니 배가 갑자기 고파 왔다. 아침도 못 먹고 시간은 13시가 넘었다. 그리고 우리 버스 사람들이 그 많은 보따리를 다 검사하고 나오려면 한참 시간이 걸릴 것이었다. 건물 안에 있는 카페에서는 오직 루블화만 통용된다. 그리고 환전소도, ATM 기계도 없다. 배고픔을 참고 참다가 마침 운전기사가 보여 사정을 이야기하니 바로 환전을 해 주었다. 남은 돈 331위안을 주니 2,700루블을 준다. 환율이고 뭐고 따질 수가 없다. 돈을 가지고 카페로 가니 음식이 다 팔리고 먹기 이상한 것만 있었다. 그래도 그 이상한 수프와 빵이라도 뱃속에 넣으니 살 만했다. 이제는 햇볕이 강한 건물 밖에서 우리 승객이 모두 나오기만을 하염없이 기다려야 했다. 건물 안에서는 많은 사람이 들락날락하며 통과된 짐이 가득 찬 보따리를 들지 못하고 바닥에 질질 끌면서 운반하고 있었다. 생각해 보니 바퀴 달린 가방도 무게를 줄이기 위해 사용하지 않고 질기고 얇은 천으로 만들어진 가방(보따리)을 사용한 것이었다. 나도 시간이 있어 몇 개를 운반해 주니 이상한 눈초리로 쳐다본다. 어느 누구도 도와주는 사람 없이 각자 운반하는데, 나 홀로 사람들을 도와주니 이상한 눈으로 보는 것 같았다. 이런 행동이 러시아 사람들의 관심을 끌었는지 나에게 억지로 말을 걸고 나의 정보를 알려고 했다. 재미있게 손짓, 발짓, 영어와 중국어로 이야기를 나누고 시간을 보내고 있는데 우리 버스 승객 중 가장 예쁜 러시아 아가씨가 계속 나에게 호감을 보였다. 사진도 같이 찍고 전화번호도 알려 주고 드디어 카톡(카카오톡)을 개통하여 사진도 주고받았다. 나중에 카톡으로 연락해 보니 결혼하고 딸을 혼자 키우는 러시아 이혼녀인데 한국으로 가고 싶은데 갈 수 없다는 심정을 나타내었다. 어쨌든 그러는 동안 이미 통관을 완료한 짐들을 버스에 다시 싣기 시작하는데 출발하기 전 마지막에 탄 젊은 러시아친구의 정체가 여기서 드러났다. 이 건강한 러시아 청년들은 오직 짐을 버스에 싣고 내리기 위해 특별 승차한 남자들이었다. 그들은 무지무지하게 더운 햇볕 아래서 바지만을 입고 무거운 보따리를 아래에서 던지면 버스 지붕 위에 있는 다른 청년들이 곡예사 같이 받아 차곡차곡 정리하여 쌓고 버스 아래 짐칸에도 잘 밀어 넣어 그 많은 보따리를 정말 예술적으로 적재하는 기술과 힘을 가지고 있었다. 땡볕에서 무거운 보따리를 차

위로 올리는 기술은 정말 힘들고 어려운 일이었다. 드디어 15시경이 되어 앞차들이 보따리를 싣고 떠나고 우리 버스도 보따리를 다 싣고 출발하게 되었다. 그리고 버스 앞 좌석에 탄 두 명의 여자들은 출발할 때 나누어 준 휴대폰과 충전기를 회수했다. 그리고 출발한 지 5분도 되지 않아 차는 큰 창고 앞에 정차했고 이어 보따리를 던져 넣는 큰 소리가 계속 들렸다. 이 모든 것을 천천히 생각해 보니 보따리상들이 운반한 모든 보따리는 각자의 것이 아니고 그들은 단지 배달 역할만 하는 사람들이었다는 것을 알 수 있었다. 대부분 나라와 나라를 오가는 국경 무역상인 보따리상들은 각자의 물건을 사서 국경을 통과하여 각자의 물건을 파는 것이 일반적인 데 비해, 러시아와 중국을 오가는 보따리상들은 아마 돈 많은 상인이 이미 중국에서 산 물건을 단지 운반만 해 주고 운반비만을 받는 것 같았다. 즉, 그들은 운반책이었던 것이다. 그러니 젊은 여자나 늙은 남자나 일단 버스를 타고 왔다가 물건을 들고 통관만 하면 똑같은 돈을 받는 것이었다. 그리고 버스는 다시 1시간을 달려 러시아에서 중국과 가장 가까운 작은 국경도시인 자바이칼스크에 도착했다. 버스는 천천히 시내를 관통하면서 승객들이 요구하는 장소에 사람들을 내려 주었다. 나는 너무 시골 동네라 내릴 곳을 정하지 못하고 자바이칼스크역까지 오고 말았다. 역에서 내려 치타행 열차 승차권을 알아보니 밤 열차가 있다고 하여 치타까지의 승차권(1,690루블)을 샀다. 해가 중천에 있는 지금 16시인데 20시 18분에 출발하는 기차였다. 4시간을 기다려야 했다. 17시경에 배가 고파 역에 있는 카페에 가서 맥주와 함께 식사를 했다. 별로 맛은 없지만 무조건 넣어 두어야 했다. 역에서 기다리며 초등학생 아들과 여행하는 중국 아줌마를 알게 되었는데, 중국 아줌마와 이런저런 중국 이야기를 나누며 시간을 보내니 좋았다. 영어를 잘하기에 궁금했는데, 알고 보니 영어 선생님이셨다. 그리고 기다리다가 드디어 시간이 되어 열차를 타고 시베리아 횡단철도의 중간 기착지인 치타로 가게 되었다.

③ 이탈리아 로마, 그리스 아테네 국경 넘기(배)

■ 2017년 1월 13일(로마, 바리 간)

○ 08:05 Roma Termini-12:05 Bari Centrale
예약비 10유로. 열차로 이동.

○ Bari Centrale 앞 시내버스 20/번(1.5유로)
Super fast Lines 정류장 시내버스로 이동.
Super fast Lines 사무실에 유레일 패스를 보여 주면 10유로의 3등석
승선권을 발급해 줌.

○ 17:00
승선 수속 시작. 짐 검문, 검색.

○ 19:30
출항.

■ 2017년 1월 14일(아테네)

○ 05:00
Corfu.

○ 06:00
Igoumeitsa.

○ 13:30

　Patras항 도착(그리스 시각 조정 꼭 필요, 유럽 시간 12:30).

○ 14:00

　Patras 부두에서 18번 버스가 버스 터미널까지 이동(버스 요금 1.2유로).
　버스 터미널에서 좌측으로 걸어가면 열차역이 나옴.

○ 15:30 Patras역-17:10 Kiato역

　버스로 이동(유레일 패스를 보여주면 승차권을 줌).

○ 17:25

　Kiato에서 열차 출발(유레일 패스 소지자는 그냥 타면 됨).

○ 18:25

　Athinai역 도착.

■ 2017년 1월 13일(로마, 바리 간 상세 일정)

　어제저녁부터 내린 비는 밤새 내렸다. 어제 나폴리에서 저녁으로 먹었
던 피자와 콜라 중 콜라에 있는 카페인 때문인지 밤새 잠을 못 이루고 고
생했다. 06시에 알람 소리에 잠이 깨어 출발 준비를 하고 어제 산 소고기
햄버거로 아침 식사를 했다. 소고기 햄은 짜고 빵은 딱딱하여 종이를 씹
는 맛이었지만 일단은 목구멍으로 넘겨주면 위가 알아서 소화를 시켜주
니 정말 고맙다. 08시 20분에 숙소에서 나와 비가 내리는 길을 따라 역
에 도착하니 30분이었다. 여명의 시간에 역 바로 옆에 있는 정통 로마 시
대의 성벽을 기념으로 촬영해 두었다.

11번 플랫폼의 8303 열차는 남동쪽 여자 부츠 모양의 이탈리아 지형에서 힐 부분의 꼭짓점에 위치한 바다가 도시인 Lecce행 열차이다. 50분에 승차하여 2호 차 16D 좌석에 자리 잡았다. 열차는 정시에 출발하여 빗속을 달린다. 날이 밝았지만, 비구름으로 어둡다. 9시가 되어 Caserta역에 도착했다. 구름이 있지만, 창밖은 풍요로운 경치를 보여 준다. 이어지는 포도밭, 올리브나무, 수확을 끝내고 겨울 휴식기에 든 경작지들, 밀감나무에 달린 따지 않은 밀감들. 조금도 놀리지 않은 땅에는 무엇인지 모르지만 경작해 놓은 모습을 보여 준다. 시간은 10시 20분을 지나고 있는데 이탈리아 서쪽에서 동쪽으로 넘어가기 위해 중앙 부분의 산맥을 지나기 위해 여러 개의 터널을 지나며 열차가 속력을 못 내고 있다. 창밖에는 어젯밤 내린 눈과 겨울을 장식하는 푸른 풀과, 이어져 있는 집들이 어울려 멋진 이탈리아 중부 산간 경치를 보여 주고 있다. 10시 30분경에 산맥을 넘어 속도를 내어 달린다. 동쪽에 오니 해가 보이고 푸르름이 더 강하다. 11시 10분에 Foggia역에 도착한 열차는 방향을 바꾸어 Bari로 달린다. 이제 동쪽 해안을 따라 멋진 평원을 250km 이상의 속도로 달린다.

　12시 10분에 Bari역에 도착했다. 역을 빠져나오자 따뜻한 바람이 분다. 겨울에도 영하로 내려가지 않는 전형적인 지중해식 기후다. 날씨는 맑아 비 걱정은 안 해도 된다. 역에 관광 안내소가 없어서 경찰에게 부두로 가는 버스를 물으니 21번 버스를 타면 된다고 하여 역 앞 버스정류장의 표지판을 보니 버스가 있다. 그리고 사진을 찍기 위해 역 앞 로터리를 한 바퀴 돌아보니 관광 안내소가 있다. 내가 가야 할 곳을 이야기하니 'porte de bari'라고 적어 주며 관광 안내 지도를 주면서 표시를 해 준다. 그런데 관광 안내 지도에는 버스 노선도, 항구 표시도 없고 단지 옛 도시와 성당, 성곽 등의 표시만 있다. 일단 받아서 나왔다. 1유로의 버스 승차권을 사서 한참을 기다리니 21번 버스가 왔다. 버스 승차권을 검표기에 넣어 보니 '12:59'이라고 찍힌다. 길은 좁고 차량은 많아 교통이 매우 복잡하다.

한참을 가도 부두가 나오지 않고 사람들은 얼마 없다. 그래서 뒷좌석에 앉은 사람에게 물으니 옆의 아가씨에게 대신 물어 주더니 버스를 잘못 탔다는 것이었다. 아가씨가 휴대폰으로 검색을 하더니 20/번 버스를 타야 한다고 한다. 다음 정거장에 내려 다시 21번을 타고 역으로 가서 20/번 버스를 타라고 하여 내려서 기다리는데 버스가 안 온다. 마음은 초조하고 불안하지만, 컴퓨터에서 저녁 8시에야 그리스로 가는 배가 출항한다는 정보가 있어 안심하고 시내를 구경한다고 생각하고 버스를 기다리니 거의 40분 만에 21번 버스가 온다. 엉뚱한 곳이지만 내려서 기다리는 곳이 교통의 요지인지 자가용과 대형버스 등이 계속 오가는 중요한 도로였다. 드디어 다시 21번 버스를 타고 역으로 돌아와 다시 승차권을 사서 20/번 버스를 타니 15시였다. 그런데 부두로 가는 길은 역에서 교통도 안 막히고, 얼마 안 가서 역사적인 성곽이 나오고 부두가 나왔다. 몇 번을 물어 겨우 슈퍼 패스트 라인(Super fast Lines)의 사무실을 찾아 3등석 승선권을 사니 10유로밖에 안 하는 가격이었다. 침대칸인 1등석과 2등석이 있지만 3등석인 의자 승선권을 구입한 것은 여행객들이 거의 없고 3등석 의자 사이에 그냥 누울 수 있는 공간에서 잠만 자면 되기 때문이다. 내가 가야 할 Patra는 내일 13시경에 도착한다고 한다. 장장 18시간이 소요되는 먼 바닷길이다. 옛날 로마 해군과 그리스 해군, 이집트 해군이 엄청나게 다녔던 해로다. 10유로로 해결된다니 기분이 하늘로 날아갈 듯했다. 17시에 수속을 받아 승선한다고 하여 15시 30분부터 17시까지 대합실에서 그냥 기다리기로 했다. 일단 어제 산 빵과 밀감과 소시지로 점심 및 저녁 요기를 했다. 나와 같이 기다리는, 약간은 초라한 친구에게 빵을 주니 잘 받아먹는다. 아테네에 도착한 후 구경을 마치고 다시 터키 이스탄불로 가느냐, 마느냐로 한참 여행 계획을 생각해 보다가 아직 결정을 내리지 못하고 있는 사이 승선 수속 시간이 되어 승선을 하니 17시 20분이었다. 점차 사람들이 많아지고 화물도 많이 싣는다. 물을 한 병 사서 마시고 피곤하여 한숨 자고 있으니 배가 이미 출발했다(19시 30분). 자려다가 하루 일정을 정리하기로 했다. 21시경에 먹다 남은 땅콩을 보고 그냥 있을 수 없어 바에 가서 맥주 한 잔과 빵(7.8유로)으로 수퍼 패스트 라인에 승선한 기념을 나름대로 자축했다. 오늘도 일정을 무사히 소화했다.

■ **2017년 1월 14일**(아테네 상세 일정)

배의 엔진 소리와 흔들림으로 잠을 못 이루다 어렵게 잠이 들었지만, 생각보다 파도가 높아 롤링이 심했다. 04시경에 Corfu항에 도착했는지 불이 켜지고 잠시 대기하는 느낌이 있었지만 잠에서 깨어날 수가 없었다. 다시 Igoumeritsa항에 도착했는지는 알 수 없다. 08시에 일어나니 날이 이미 밝았다. 배에 있는 샤워실에서 샤워하고 나서 정신을 차리니 배가 파도를 심하게 타느라 너무 울렁거려 멀미가 나려고 했다. 파도가 높고 육지는 아직도 멀리 희미하게 보인다. 10시가 넘어서자 드디어 내만으로 들어 왔는지 파도도 잔잔하고 배도 울렁거리지 않고 잘 항해한다. 카드 이외에 돈을 어제 맥줏값으로 다 날리고 아무것도 먹지 않고 지내고 있었다. 혹시 배에서 바로 내리면 돈이 필요할 것 같아 배에 있는 현금인출기를 사용해 보니 작동이 잘 되어 100유로를 인출했다. 지도를 보니 Patras항에서는 버스가 Kiato역까지 유레일 패스로 이용할 수 있다고 되어 있는데 13시경에 도착하면 두고 봐야 할 일이었다. Kiato부터 Athinai까지는 열차를 이용하여야 한다. 지금의 항로는 수천 년 동안 인간들이 왕래했던 중요한 항로이다. 거친 파도를 어떻게 이겼는지 인간의 위대함을 다시 한번 느낀다. 아침부터 물만 먹고 지내고 있다. 한 번씩 바다를 보면 11시까지, 즉 그리스 본섬과 Patras항구의 섬으로 배가 들어오기 전까지는 파도가 높아 울렁임이 심했으나 11시가 넘자 호수 같은 바다를 항해한다. 너무나 조용하고 흔들림조차 없어 정말 역사를 만들 수 있는 대단한 바다인 것을 알 수 있다. 12시 30분이 되자 Patras항구에 정박하고 40분에 육지에 내렸다. 배에서 입구까지는 셔틀버스가 운행되었는데 많은 사람이 승용차와 트럭 기사로 직접 차를 가지고 온 사람들이고 셔틀버스 승차권을 사서 승차한 사람은 나를 포함하여 8명이었다. 정말 그리스로 이동하는 사람들이 적다. 이 말은 그리스행은 돈이 안 된다는 말이다. 돈이 되면 많은 사람이 오갈 것이다. 수속을 마치고 나오니 버스 정류소가 있고 18번 버스가 부두에서 버스 터미널까지 운행되고 있었다. 1.2유로의 차비를 내고 탔는데 만약 돈을 찾지 않았으면 큰일 날 뻔했다. 13시에 출발한 버스는 20분 정도를 달려 Patras 버스 터미널에 도착했다. 14시에 아테네 가는 버스가 있다고 되어 있지만 나는 유레일 패스 소지자라 가면 공짜로 이동할 수 있다. 버스 승차권을 파는 여자에게 물으면서 패스를 보여 주니 일단 Patras역으로 가라고 한다. Patras역으로 가는 길에 또 한 여자에게 물으니 친절하게 쉬운 영어로 설명을 한다. 일단 Patras역에서 Kiato로 가는 버스를 타고 Kiato역에서 아테네로 가면 된다고 한다. 역시 유레일 패스에서 준 지도에 표시된 것과 같다. Patras역에 도착하여 역무원에게 물으니 15시 30분에 출발하는 버스가 있다고 한다. 시계를 보니 13시 50분 정도가 되었기에 1시간 30분을 기다리면 된다고 생각되어 일단 역에 있는 카페에서 커피와 빵으로 아침 겸 점심을 먹기로 하고 가격을 물어보니 5.8유로다. 엄청나게 싸서 놀랐는데 그리스의 물가가 싸다는 것을 실감하는 순간이었다. 나라가 못 살게 되니 구매력이 떨어져 비싸면 사는 사람이 없으니 쌀 수밖에 없다. 맛있게 점심을 먹고 시간을 죽이기 위해 주위를 둘러보니 역 앞이 멋진 부두가 있고 바로 바다가 보였다. 바다는 나의 놀이터가 아닌가. 가방을 두고 나갔다가 다시 가방을 가지고 바다에서 시간을 보냈다. 부두가 있는 바다는 물이 아주 깨끗했으며 우리나라의 숭어 새끼, 즉 모치들이 한가롭게 놀고 있어 무척 반가웠다. 둘러보니 내 눈에 통발 줄이 들어왔다. 제법 깊은 곳에 있는 통발을 올려보니, 볼락 종류의 고기와 털이 많은 조그만 게가 있었다. 여기도 누군가 심심풀이로 통발을 설치해 두었다가 한 번씩 꺼내어 고기를 잡아 반찬으로 하는 것 같았다. 나에게는 들켰지만. 식빵을 미끼로 사용한 통발을 다시 원위치시켜 놓고 놀다가 보니 비를 잔뜩 머금고 남쪽에서 다가오는 구름이 보였다. 서둘러 역으로 오니 엄청난 소나기가 내린다. 역무원에게 다시 버스를 알아보니 16시 30분에 있다고 한다. 아니, 15시 30분도 안 되었는데 어떻게 된 일인지 어리둥절해서 물어보니, 이런, 그리스는 표준 시간이 통합 유럽보다 1시간이 빠른 것이었다. 그러니까 12시가 13시가 되는 것이었다. 역무원에게 유레일 패스를 보여 주니 일단 버스 승차권을 준다. 그런데 시계를 보니 15시다. 시계를 고치니 16시가 되었다. 비가 계속 많이 내리지만 버스를 타면 되니 걱정이 없다. 16시 30분에 버스가 출발했다. 승객은 6명이었다. kiato로 가는 길은 섬 북쪽 해안도로를 통해 멋진 경치를 보여 준다. 바다 쪽에는 많은 집과 올리브나무, 밀감나무가 있어 경치를 더욱더 좋게 하고 고개를 돌려서 본 마을 뒤쪽의 산들은 눈으로 덮여있어 또 굉장한 경치를 보여 준다. 그리스의 자연은 신들이 놀기 좋은 산과 바다를 가지고 있다. 다음에 또 기회가 있으면 밝은 날에 다시 길을 천천히 가고 싶다. 섬 건너편으로 멀리 보이는 본섬에는 1,000m가 넘는 높은 산들이 이어져 있어 더욱더 신비롭게 보이고 산꼭대기에는 구름이 덮여 있어 더욱더 신비롭게 보였다. 18시 10분에 Kiato 역에 버스가 도착했다. 날이 어두워졌다. 역 앞 작은 카페에 가서 맥주와 초콜릿을 사니 5.7유로였다. 18시 25분에 출발한 열차에서 맥주와 빵을 저녁으로 먹었다. 어둠 속을 달리는 열차의 창밖은 대도시가 있는지 가끔 밝은 야경을 보여 준다. 낮에 한 번 더 지나가고 싶은 곳이다. 같이 타고 온 아가씨에게 호텔 주소를 보여주니 검색을 한 후 다음 역에 내려서 메트로를 타고 가라고 하여 내린 곳이 3번 선의 Doukissis Plakenties역 앞이었다. 역시 물어물어 1.2유로를 지불하고 지하철 승차권을 사서 지하철을 타고 다시 물어 2번 선으로 갈아타 목적지인 Omonia역에 내려서 길을 물어 Athens-Hotel Lozanni 유스호스텔에 도착하니 21시였다. 샤워하고 하루를 정리한다. 이번 유럽 여행의 모든 일정을 아테네에서 끝내기로 한다. 터키에 가는 길도 있지만 무리하여 갈 필요도 없고 또 유럽의 도시와 성당이 비슷하여 이제 새로운 맛도 없다. 그리고 유적들도 이제 많이 봐서 신선한 맛이 없다. 그리고 내용을 거의 알고 있어 그 위치에 가면 그러한 것이 있을 것이라고 생각하면 있으니 이제는 유럽을 거의 파악한 것이라 생각한다. 오늘 유럽 문화의 뿌리에 왔으니 천천히 둘러보고 항공권을 예약하여 17일 혹은 18일에 출발해야겠다고 생각했다.

Athens-Hotel Lozanni 유스호스텔 36번 방은 아무도 없이 혼자서 지내게 되어 좋았다. 그리고 방에서 인터넷이 잘되니 더욱더 좋았다.

④ 중국 우루무치, 카자흐스탄 알마티 간 국경 넘기(국제 버스)

■ 2016년 4월 26일(우루무치)

아침에 일어나 컴퓨터를 확인하여 '5불당 카페'의 '카작한우리' 님께 마중을 부탁드리니 힘들다고 하는데 일단 "알았습니다."라고 답을 했으며 어떤 카페 회원은 "카자흐스탄의 한인 민박의 바가지를 주의하라."는 멘트도 있어 좋은 정보에 감사드린다고 답했다. 일단 오늘 저녁에는 18시까지 우루무치 국제 버스 터미널에 가야 한다. 대강 짐을 정리하고 한국에 우편으로 몇 가지를 보내어 짐을 줄이려고 했으나 최종적으로는 중국 지도책과 중국 여행 론리 플래닛(lonely planet)은 유스호스텔의 책장에 남겨두어 다른 사람들의 여행 정보 수집에 도움이 되게 하고 나머지 자료만 모두 가져가기로 했다. 신장백화림 유스호스텔 담당자에게 오늘 늦게 퇴실하는 관계로 규정에 따라 20위안을 더 주기로 하여 오후까지는 시간이 있어 일단 우루무치 박물관을 찾아가니 10시 10분이었다. 박물관은 10시 30분에 연다고 하여 기다린 후 문이 열리고 역사관 및 현대 미술관을 관람했다. 자료가 조금 빈약하지만, 공짜니까 11시까지 둘러보고 나와 이제 우체국에도 갈 일이 없고 하여 일단 중국 은행을 찾아가서 중국 위안화를 카자흐스탄 돈으로 환전하기로 했다. 중국 은행으로 가기 위해 우루무치 시내버스 중 BRT 버스가 있어서 이용했는데, 타 보니 환승할 수가 있고 1위안의 차비로 편리했다. 은행에 도착하여 중국 위안화를 카자흐스탄 텡게화로 환전하려고 하니 단지 달러로만 환전이 되고 그 외의 나라의 돈으로는 환전이 안 되며, 그것도 1일당 총 500달러만 환전이 된다고 하여 남은 위안 중 3,300위안을 달러로 환전했다. 담당자의 업무능력이 별 다섯 개라고 창구에 표시되어 있었지만, 500달러 환전에 무려 50분이 소요되었다. 은행을 나오니 배가 고파 옆에 있는 만둣집에 들어가 만두와 뚜장을 함께 먹었는데 9위안이었다. 배를 채우고 신장 박물관으로 찾아갔다. 버스에서 내려 500m 이상을 걸어가야 해서 고생했다. 이 박물관에는 다양한 유물과 전시물이 있어 볼 것이 많고 중국인들과 학생들도 많이 와 있어 박물관다웠다. 다시 14시경에 숙소로 돌아와 낮잠으로 피로를 풀고 샤워하여 24시간 국경 통과 여행 준비를 단단히 한 후 퇴실하고 시내버스를 타고 국제 버스 터미널로 갔다.

저녁으로 중국 서쪽의 유명한 양고기 볶음밥을 먹을 시간도 없이 짐 검사와 여권 검문을 마친 후 비로소 국제 버스 터미널 대합실에 들어갈 수 있었다. 이제 다시는 대합실을 나와 우루무치 거리로 나올 수 없게 되었다(중국 서쪽 지방은 소수민족의 독립운동을 철저하게 막기 위해 이동하는 도로 및 시내에 수시로 검문이 있었고 심지어 국제 버스 터미널 옆에는 무장 장갑차와 군인까지 있었다). 카자흐스탄 알마티로 가는 국제 버스가 이미 정차해 있었고 버스 주변에는 국경 무역을 하는 사람들과 그들의 짐들이 산을 이루고 있었는데 저 짐들을 어떻게 짐칸에 실을지 걱정되었다. 그런데 다들 정말 거짓

말처럼 짐칸에 차곡차곡 짐을 넣었다. 그리고 나도 힘을 거들어 짐을 포장하는 것을 도와주고 짐칸에 짐을 넣을 때도 힘을 거들었다. 같이 갈 호주인 여행객 세 명은 멀리 떨어져 구경만 하고 있었다. 이러한 나의 행동은 나중에 버스를 타고 가면서 그들과 더욱더 친하게 해 주는 계기가 되어 여행에 많은 도움이 되었다. 가장 압권은 아들의 선물로 어린이 자전거를 사서 온 사람이 있었는데 결국 짐칸에 넣지 못하고 버스 속 침대 밑에 넣어서라도 함께 가는 모습을 보았다. 위대한 결말이었다. 중국과 다른 나라로 이동하는 국제 버스는 오랜 시간이 소요되는 탓에 모두 침대 버스였다. 국가 간을 이동하는 침대 버스는 양쪽 창가와 중앙에 스테인리스 봉으로 만든 침대를 설치해 놓은 버스인데, 정원은 30명이고 처음 이용하는 사람들은 엄청난 불편을 감수해야 한다. 나는 그동안 중국 여행에서 많은 시간 동안 침대 버스를 이용해 왔기 때문에 별 어려움 없이 2~3일은 타고 다닐 수 있다. 또 호주인 여행객 3명과 함께 여행하게 되어 조금은 위로가 되었다. 19시에 출발 예정이었던 버스는 한 사람의 신분 점검으로 인해 20시 30분에야 출발했다(철저하게 이동하는 사람을 점검하고 있었다). 사막의 도시 우루무치에서 출발한 버스는 캄캄한 어두운 길을 뚫고 서쪽으로, 서쪽으로 달린다. 밤에 잠시 어떤 도시 정류장에 잠시 정차했다. 화장실을 돈을 주고 이용하고 다시 승차했다. 불편하고 흔들리는 버스 침대에서 나도 모르게 잠이 들었다.

■ **2016년 4월 27일**(중국, 카자흐스탄 간 국경 통과 후 알마티 도착)

달리는 버스에서 깊은 잠을 자는 동안 차는 달리고 달려(2명의 기사가 교대로 운전했다) 6시가 지나자 새벽이 되고 날이 밝았다. 차는 잘 건설된 도로를 시속 60㎞로 천천히 멋진 경치를 양쪽에 두면서 달린다. 중국 도로는 지난 몇 년 동안 천지개벽을 하여 산을 넘어야 하는 길은 터널을 뚫어 시간을 단축하고, 강에는 다리를 놓고 굽은 도로는 직선으로 만들어 세계에서 가장 현대식 도로를 만들었다. 나는 운전기사의 양해로 조수석에 앉아 멋진 경치를 카메라에 담는 데 정신이 없었다. 버스와 열차 여행은 멋진 경치를 천천히 볼 수 있는 여행의 묘미를 제공한다. 07시 30분에 칭수이허시의 버스 터미널에 도착했다. 이곳은 승객들의 아침 식사와 화장실 이용을 위해 1시간 이상을 정차하는 곳이었다. 버스에서 내리자마자 환전을 하라고 사람들이 모였다. 흥정을 하여 200위안에 10,000텡게로 환전할 수 있었다. 나도 하고 호주인 여행자도 했다. 터미널의 식당에는 사막의 빵인 난을 굽는 화덕이 있어 사막의 중심과 실크로드를 달리고 있다는 것을 다시금 실감했다. 08시 33분에 다시 버스는 출발했고 조금 달려 09시경에 중국 국경 출입국 사무소에 도착했다. 중국 출입국 사무소는 철조망과 담장으로 철저하게 요새화되어 있고 엄청난 규모의 건물을 자랑하고 있었다. 중국 출입국 사무소에서 버스의 승객들은 가지고 있는 모든 짐을 가지고 들어가 철저하게 짐 검사와 여권 등을 3번이나 검사받은 후 10시 20분경에야 출국 심사를 마칠 수 있었다. 다시 버스를 타고 중국 국경을 넘기 전 국경 내에 있는 마을에 도착했다. 그곳에서 마지막으로 중국 돈을 이용하여 점심 식사를 하고 잠시 휴식을 취했다. 다시 버스는 출발하여 7.3㎞ 정도 떨어진 카자흐스탄 국경 출입국 사무소에 도착했다. 많은 입국자가 있어 11시 40분이 되어서야 카자흐스탄 국경 사무소에 들어가 입국 수속을 받을 수 있었는데 다른 사람들은 쉽게 입국 허가가 나는데 나만 여권을 가지고는 이리저리 왔다 갔다 하며 오래 걸린다. 혹시 다시 중국으로 되돌아가야 하는 것이 아닌가 걱정이 많이 되었다. 30분 정도 경과한 후 입국 허가가 떨어지고 도장을 꽝, 꽝, 꽝! 세 번을 찍어 주었다. 이유를 몰랐는데 카작한우리 게스트하우스에 도착한 후 박 사장님의 말씀을 통해 그 이유를 알 수 있었다. 카자흐스탄에 도착한 후에는 1주일 이내로 거주 확인을 받아야 하는데 도장을 여권에만 찍었으면 거주 확인 사무소에 가서 다시 확인을 받아야 한다. 그러나 나는 3곳에 도장을 찍었기 때문에 거주 확인을 받지 않아도 된다고 했다. 모든 버스 승객의 입국 허가가 나기까지 2시간 이상이나 기다렸는데 그동안 알마티에 사는 19세 소녀 마디나가 나에게 말을 붙여와 즐겁게 시간을 보냈다. 마디나는 한국 가수 구준엽의 열렬한 팬으로 한국 사람인 나를 만나자 마치 구준엽을 만난 것같이 너무 기뻐 어쩔 줄 몰라 하며 나와 사진을 찍었다. 특히 나의 파마머리에 관심이 많아 만져 보고 좋다고 난리를 피웠다. 그 후 알마티까지 8시간 이상 버스를 타고 가면서 수시로 나에게 와서 휴대폰 사진을 찍곤 했는데, 그녀 덕분에 심심하지는 않았다. 그리고 담배를 당당하게 피워 19세 소녀로서 건강이 걱정되었다. 13시가 넘어서야 우리 버스는 카자흐스탄 도로를 달리고 있었다. 도로 옆은 사막과 초원이 이어졌는데 실크로드의 위를 버스가 달리는 것이라고 생각했다. 그리고 호주인 여행객과도 친구가 되어 함께 달리면서 휴게소에서 잠시 휴식하면 화장실 이용료도 내어주고 하며 젊은 친구들과 함께 즐거운 여행을 했다. 그런데 여기에서는 화장실 이용료를 받고 있었는데 마치 옛날 실크로드 시절에 우물의 물을 마시게 하고 돈을 받는 습성이 아직도 이어진 것이 아닌가 생각되었다. 버스는 초원의 평원을 일직선으로, 혹은 길을 바꾸면서 많은 마을을 지나고 지났다. 양들도 길을 막고 집으로 돌아가고 말을 타고 가는 주민도 있었는데 말은 역시 서역의 말이었다. 크고 말의 몸매가 좋아 경주용 말과 같았으며 한나라 무제가 그토록 원했던 한혈마와 같은 혈통의 말 같았다. 해가 지고 어둠 속을 달려 21시 20분경에 드디어 알마티에 도착했다. 버스에서 내리자 마중을 나오신 카작한우리 게스트하우스 박 사장님께서 꼬장 님이시냐고 물어 반갑게 인사를 하고 같이 온 호주인 여행 친구들을 예약된 호텔에 내려다 주고 카작한우리 게스트하우스에 도착했다. 선교사님 같은 중후한 모습인 박 사장님은 1박에 40불이라 했지만, 카자흐스탄에 관해 아무런 지식도 없이 무조건 넘어온 나는 사막의 오아시스에 도착한 것같이 며칠 쉬면서 중앙아시아에 대해 공부하여 다음 여행을 준비할 생각이다. 시간이 늦었지만, 차려 주신 한식과 맥주 2병을 반주로 삼아 카자흐스탄 알마티에 무사히 도착한 것을 자축했다.

⑤ 카자흐스탄 아트라우, 러시아 아스트라한 간 국경 넘기(승용차)

■ 2016년 5월 7일(아트라우)

어제 늦게 잠든 관계로 07시 30분경에야 일어났다. 왼쪽 옆구리가 결렸다. 별일 없어야 할 텐데 걱정이다. 샤워와 면도를 하고 오늘은 시내 구경이라는 목표를 세우고 호텔을 나서니 카스피해의 북쪽에 위치하고 우랄강 하류에 위치한 아트라우 시내는 완전히 진흙과 작은 웅덩이와 전쟁이었다. 모든 차는 진흙 먼지로 코팅이 되어 있고 차가 달리면 먼지가 엄청나게 날린다. 아트라우역 앞 제일 큰 전통 시장 앞의 시내버스 정류장에 가니 많은 미니버스와 노란색 25인승 4번 시내버스가 출발 준비를 하고 있었다. 오늘 시내버스 여행은 4번 시내버스를 먼저 타는 것으로 결정하고 승차하니 시동만 걸려있고 출발은 하지 않는다. 10분 정도 지나니 기사와 안내양이 승차하면서 출발한다. 시내의 길은 아직도 진흙탕이며 내 신발은 이미 엉망이 되었다. 처음에는 일반 주거지역을 지나다가 드디어 어젯밤에 구글 지도로 확인한 우랄강이 나오고 광장이 나왔다. 그런데 강을 건너기 전에 전화 부스보다 큰 돔의 안내판이 나오는데 아시아라는 표지판이 있고 강을 건너자 유럽이라고 써진 표지판이 서 있었다. 세계 공식적인 인정인지 모르지만 좌우지간 아시아와 유럽의 경계인 우랄강인 것이다. 다리를 지나면서 강의 북쪽을 보니 유람선이 부두에 정박해 있다. 몇몇 동상과 여성 동상도 보이고 4번 시내버스는 한참 후 변두리 종점에 도착한다. 적당한 장소에 소변을 누고 다시 출발하는 차를 타고 나와 광장에서 내려 말을 타고 무장한 큰 동상이 있는 광장을 이리저리 배회하면서 사진을 찍었다. 다시 동쪽으로 걸어가니 우랄강 유람선에 도착할 수 있었다. 사람들이 이미 배에 많이 타고 있어 나 또한 타려고 하니 예약된 사람만 탄다고 하는지 내리라는 손짓을 하여서 하는 수 없이 내려 유람선 옆에 있는 판매대에 가서 아이스크림과 빵으로 아침을 먹었다. 다시 걸어서 우랄강을 건너는 다리로 와서 먼저 유럽 쪽 안내판을 배경으로 사진을 찍고 다시 다리를 건너 우랄강 강가에서 휴식을 취하고 아시아 안내판을 배경으로 사진을 찍었다. 그리고 촛대 동상이 있는 로터리에서 4번 시내버스를 타려고 기다렸으나 정류장을 잘못 찾아 1시간을 허비한 후 아티라우역에 도착하였다. 역 앞의 재래시장에 꼬치와 맥주를 파는 곳이 있어 닭꼬치에 400뎅게, 맥주 500cc 한 잔에 250뎅게를 지불하고 맛있게 점심을 먹고 숙소로 돌아와(14시) 늘어지게 잠을 잤다. 17시경에 겨우 일어나 일정을 정리하고 있으니 내일 나를 태우고 러시아로 갈 친구인 '아자맡'이 와서 출발에 관한 이야기를 나누었다. 마침 방의 전구가 나가 교체를 요청하였다. 그리고 아자맡의 휴대폰으로 한국에 계신 어머니께 전화로 안부를 물으니 잘 지내신다고 하시며 건강하게 잘 여행하고 오라고 하신다. 내가 필요할 때 천사가 나타나는 이 여행 체질을 어떻게 설명해야 하나? 아자맡은 내일 아침 일찍 다시 오기로 하고 돌아갔다. 저녁이 되어 식사를 위해 밖으로 나오니 완전 캄캄한 어둠의 세계다. 밝은 대낮과는 정반대로 넓은 주차장에 차도 한 대도 없고 조용하기 그지없었다. 호텔 앞 작은 식당에서 케밥과 음료수, 그리고 호텔에서 맥주와 물을 사니 돈이 없다. 이제는 무일푼인 것이다. 저녁을 먹고 일기를 썼다.

〈유럽의 시작 경계〉 〈아시아의 시작 경계〉

〈아자맡이 적어 준 메모〉

〈우랄강〉

■ 2016년 5월 8일(아트라우, 아스트라한 간)

　07시에 샤워와 짐 정리를 하고 빵으로 아침을 먹는데 카자흐스탄 아트라우역 앞의 호객꾼 중 유일하게 영어를 할 줄 하는 '아자맡'이 왔다. 준비되는 대로 러시아 국경 도시인 아스트라한으로 출발하자는 것이었다. 08시에 호텔을 나와 아자맡의 차를 타고 가다가 아스트라한으로 가는 승용차 비용인 10,000텡게가 없다고 하니 24시 은행에 차를 세워 주었다. 카드로 ATM 기계에서 텡게를 인출하는데 단지 10,000텡게를 인출한다는 게 그만 숫자를 잘못 눌러 100,000텡게를 인출하게 되었다. 실수했다고 생각했는데 다행히 90,000텡게를 아자맡이 루블로 환전하여 주었다(17,000루블). 환율이 맞는지도 모르겠다. 정직하고 친절한 친구니까 그리고 지푸라기라도 잡는 심정으로 믿고 의지하여야 카자흐스탄을 지나 러시아로 갈 수 있으니까! 다시 버스 터미널로 가니 일본 혼다 밴에 이미 세 사람이 타고 있었고 나는 뒷좌석에 혼자 앉아서 가게 되었다. 뒷좌석은 폭이 너무 좁아 발목조차 움직일 수 없었다. 08시 30분에 차는 출발했다. 서쪽으로 포장된 길이지만 비포장과 비슷한 길, 도로 중간중간이 움푹 파여 조금만 운전을 잘못하여도 차가 점프를 하는 엉망진창인 길을 기사는 잘도 피하며 달린다. 서쪽으로 일직선으로 난 길은 커브도 없다. 도로 양쪽으로는 초원이 펼쳐져 있지만 중간에 말, 양, 소가 보이고 자세히 보니 낙타도 있었는데 초원의 낙타는 어쩐지 어울리지 않는 풍경이었다. 11시 30분경 길가 식당에 들렀는데 장사가 안 되는지 영업 중지 상태였다. 다시 달려 12시 30분경 주유소에서 기름을 넣고 바로 앞의 식당으로 가니 영업을 하여 1,000텡게를 지불하고 양고기 수육으로 점심을 먹고 다시 출발했다. 그런데 서쪽 저 멀리 지평선 위에서는 폭우가 내리는 듯 구름이 북에서 남으로 뒤덮고 비가 샤워처럼 내리는 것이 보인다. 이제 차는 볼가강 하류인 삼각주에 난 길을 달리는데 작은 다리를 건너고 건넌다. 남쪽 밀리 카스피해가 보이는 것 같기도 하다. 드디어 비가 조금씩 내리는 중에 카자흐스탄 국경 출입국 사무소에 도착했다. 출입국 사무소가 좁아 많은 사람이 바깥에서 비를 맞으며 출국을 위해 줄을 서서 기다리고 있었다. 나도 줄을 서서 한참을 기다린 후 출국 사무원 앞에 섰다. 지금까지 러시아인, 카자흐스탄인의 여권만 보다가 갑자기 한국 여권을 보니 이상한지 한참을 이리저리 여권을 보고 다른 직원에게 코리아 패스포트라고 하며 서로 돌려보더니 "비자!", "비자!" 하면서 시간을 끈다. 나는 카자흐스탄, 키르기스스탄은 한국인에게 노 비자 국가이고 우즈베키스탄은 비자라고 계속 이야기하니 한참 후에 출국 허가 도장을 찍어 준다. 한국인이 주로 다니지 않는 루트라 국경 사무원들은 몰라도 한참을 모르는 것이었다. 내 뒤에서 많은 사람이 기다리고 있고 자기들도 알아본 결과 이상이 없어 출국 도장을 찍어 준 것 같기도 하다. 드디어 카자흐스탄 국경을 통과하게 된 것이다. 카자흐스탄 출입국 사무소를 나오니 비가 계속 내린다. 일행들이 다 나오자 다시 차가 다시 서쪽으로 30분쯤 달리니 이번에는 러시아 출입국 사무소다. 비가 이제는 폭우로 변했는데 차들은 밀려 있고 1시간 이상을 기다리니 내 차례가 왔다. 역시 비자로 어쩌고저쩌고하지만, 한국인은 러시아 입국 시 노 비자라 통과 도장을 쾅 찍어 준다. 16시 20분. 정말 오래 기다렸다. 다시 빗속을 뚫고 차는 볼가강 삼각주의 다리를 건너고 강둑을 달려 18시경에야 아스트라한역 앞에 차를 세운다. 드디어 러시아 아스트라한에 도착한 것이다. 이제 비는 조금 내리지만 역 앞은 물바다가 되어 있었다. 워낙 저지대이기 때문에 배수가 안 되는 것 같았다. 육지로 포위된 카스피해로 흘러 들어가는 볼가강의 삼각주에 있는 도시인 아스트라한에 도착했지만 어떻게 호텔을 가야 하는지도 모르겠고 눈에 보이는 글씨는 러시아 글로 읽을 수 있는 단어는 한 단어도 없었다. "호텔!", "호텔!"이라고 하니 나를 태워 준 기사가 역 건너편을 가리키며 그곳으로 무조건 가라고 한다. 어쩔 수 없이 조금 전까지 내린 소나기로 물바다가 된 길을 무거운 가방을 이고 지고 겨우 건너 철길을 넘어 걸어가니 호텔이라는 영어 글씨가 보인다. 골목을 돌아 호텔 건물에 도착하여 들어가니 인형같이 예쁜 러시아 아가씨가 1박에 1,500루블이라 하며 계산기에 찍힌 숫자를 보여 준다. 영어가 전혀 통하지 않는다. 여기서 2일을 묵기로 하고 3,000루블을 주니 우리 돈으로 60,000원 정도라고 생각된다. 너무 비싼 숙박비다. 전혀 사전 준비도 없이 무조건 넘어온 러시아인지라 돈이 죽어나는 것이다. 숙소에 들어가 일단 빗물에 젖은 짐을 정리하고 로비로 나와 와이파이 번호와 호텔 이름을 물으니 크리스털이라고 러시아 발음을 한다. 다시 물바다인 아스트라한역 앞으로 가니 대형마트가 있어 저녁에 먹을 것을 사고 ATM 기기에서 돈을 찾으니 6,000루블만 나온다. 아마 카자흐스탄 아트라우에서 찾은 돈 때문에 하루에 인출할 수 있는 금액 한도가 된 것 같았다. 오늘도 장장 9시간 동안 승용차를 이용하여 국경을 넘은 것이다. 다행히도 와이파이가 되어 여러 곳에 무사히 러시아에 도착했다는 인사를 하였다. 나의 인생에서 러시아 첫날 밤을 맞이하게 된 것이었다.

〈카자흐스탄 평원〉

〈러시아 쪽의 소나기구름〉

⑥ 러시아 상트페테르부르크, 핀란드 헬싱키 간 국경 넘기(열차)

■ 2016년 10월 25일(상트페테르부르크, 헬싱키 간)

상트페테르부르크의 중심가이지만 오래된 건물 5층에 위치한 세븐 데이즈(7 days) 호스텔의 골방에서 잠을 잘 자고 07시에 일어나 샤워한 후 라면으로 아침을 먹었다. 그리고 먹다 남은 사과를 핀란드행 열차 안에서 먹기 위해 잘 손질하여 가방에 넣고 단단히 정리한 후 08시 30분에 숙소를 나섰다. 100m 정도 떨어진 트램 정류장으로 이동하여 08시 50분에 도착한 3번 트램을 타고 핀란드스키역으로 향했다. 출근 시간이라 차가 밀려 09시 40분에야 역에 도착한다. 조금씩 눈이 내리더니 10시경이 되니 함박눈이 내린다. 그동안 남은 돈 100루블로 커피 한 잔을 사서 마시고 기다리니 여권과 승차권을 검사하고 열차를 타게 한다. 밖에는 함박눈이 계속 내리고 있다. 열차는 정각 10시 31분에 출발한다. 달리는 열차 밖은 눈이 내리고 쌓여 설국(雪國)을 만들었다. 정말 열차 여행의 백미다. 조금 후에 여자 출입국 사무원들이 와서 러시아 입국 시 작성한 입국 카드를 가져가고 출국 수속을 해 준다. 또 조금 지나니 남자 출입국 사무원이 와서 철저하게 가방 검사를 한다. 러시아와 핀란드 간의 국경 넘기는 정말 간단하고 쉽다. 러시아에서 핀란드로 가는 열차 안에서, 그것도 의자에 앉아서 검사를 받는 것이었다. 그래도 러시아는 셍겐조약(유럽연합 회원국 간에 체결된 국경 개방 조약) 조약국이 아니어서 국경을 넘을 때 출입국 검사를 받아야 한다. 셍겐조약국 사이에는 아예 출입국 사무소가 없이 자유롭게 도로와 산과 들을 지날 수 있다. 심지어 시골 마을의 골목을 경계로 각각의 나라에 세금을 내는 경우도 있다. 차창 밖에는 함박눈이 펑펑 내리고 알레그로행 열차는 핀란드 헬싱키로 달리고 달린다. 경치가 좋다. 12시가 지나니 핀란드 땅으로 열차가 달린다. 핀란드 첫 정류장에 열차가 서고 출발을 하자 핀란드 출입국 사무원들이 승차하고 출입국 업무를 보기 시작한다. 한국 여권인 나의 여권을 보고는 핀란드에 "왜 왔으며 며칠 머물 것이며 어디로 갈 것이냐?"하고 통상적인 질문을 한다. 나는 영어로 "10일 이상 머물 것이며 핀란드의 아름다운 자연환경을 구경하고, 꼭 산타클로스를 만나보고 싶다."고 하니 "당신은 꼭 만날 수 있을 것이다. 핀란드에 오신 것을 환영한다."고 하며 입국 도장을 찍어 준다. 그런데 산타클로스 이야기는 그냥 한 소리인데 알고 보니 핀란드가 산타의 나라라는 것을 알게 되었다. 그리고 내가 북쪽으로 가려는 그 도시에서 산타 마을까지는 10㎞ 정도밖에 안 떨어져 있다고 하여 나의 여행 행운은 어디까지인지 궁금했다. 드디어 13시 58분에 헬싱키 중앙역인 알레그로역에 열차가 도착했다. 중국 카스에서 만나 함께 여기까지 온 이 선생 일행을 먼저 보냈다. 그 후에 화장실을 이용하려다 못 하고 호텔의 위치가 어딘지 모르지만 이미 이 선생의 휴대폰에 있는 앱의 도움으로 66번 시내버스를 타고 가면 된다는 것을 알고 있었다. 역 밖으로 나와 여러 번 정류장 위치를 물어 드디어 66번 시내버스를 타고 기사에게 이야기하여 원하는 곳에 내려 여러 사람에게 물어 칩슬립 호스텔을 찾았다. 칩슬립 호스텔은 엄청나게 큰 호스텔로 투숙객들이 엄청나게 많고 계속 체크인을 하고 있었다. 409호 b 침대를 배정받고 나니 피로가 몰려왔다. 한숨 자고 호텔 앞 슈퍼마켓에서 장을 봐 저녁을 잘 먹고 호스텔에서 제공하는 지도와 컴퓨터에 있는 블로그의 핀란드 헬싱키 여행기를 가지고 내일 여행 계획을 세워 보았다. 호스텔에 비치된 컴퓨터로 검색하여 한국 소식을 알아보니 박근혜 대통령과 최순실 사건이 보도되고 있었다. 23시 경에야 잠들었다.

〈러시아 상트페테르부르크에서 핀란드 헬싱키로 가는 승차권〉

⑦ 노르웨이 트론헤임, 스웨덴 외스테르순드 간 국경 넘기(기차)
― 사람의 은혜인가, 개의 은혜인가? 얼어 죽지 않고 산 이야기

■ 2016년 11월 3일(트론헤임, 외스테르순드 간)

07시에 일어나 호텔 옆의 트론헤임역으로 가서 다시 스웨덴 외스테르순드로 가는 열차 시간을 알아보니 07시 50분발, 16시 50분발의 총 2번 국경을 넘는 열차가 운행 예정이었다. 07시 50분발 열차는 지금 호텔로 돌아가 준비하여 나오려면 시간이 걸려 탈 수가 없다. 낮 동안 이동하여야 좋은 경치를 볼 수 있는데 아쉽다. 하지만 16시 50분발 열차를 타면 그 시간까지 트론헤임 도시를 마음껏 구경할 수 있다.

다시 호텔로 돌아와 예약한 16시 50분 열차로 가서 잠잘 곳인 스웨덴 외스테르순드 유스호스텔을 컴퓨터로 예약했다. 북킹닷컴과 호스텔닷컴은 일반 호텔만 안내하고 유스호스텔은 예약이 안 된다. 이제는 유스호스텔이 있는 도시를 중심으로 여행을 하여 경비를 줄여야겠다고 결정했다. 10시 30분에 체크아웃을 하고 큰 가방은 호텔에 잠시 맡겨 두고 시내 구경을 나섰다. 눈이 펑펑 내리는 도시는 환상 그 자체다. 여행에서 비는 괴롭지만, 눈은 새롭고 더 낭만적인 여행의 맛을 제공한다.

바람도 불지 않고 눈이 내리면 그 눈은 땅 위에 쌓이는데 멋 그 자체다. 도심을 가로질러 바로 니다로스 대성당으로 가려다가 강 건너 왼쪽 편에 멋진 건물이 보여 강을 따라 걸으니 고풍스러운 건물들이 보이고 역사적인 가미에 다리와 비브로라는 시설이 있었다. 바이킹 시대의 유물이라고 설명되어 있다. 다리를 건너 언덕을 오르는데도 눈은 펑펑 내린다. 약간의 언덕을 걸어 올라가니 커다란 공원이 나오고 언덕 위의 건물이 멋지다. 가까이 가서 알아보니 대학 건물이었다. 아무나 출입할 수 없게 문이 잠겨 있다. 그런데 문 바로 옆에 아주 고전적인 온도계가 붙어 있었다. 영상 1도를 가리키는데도 눈은 펑펑 내린다.

이제 다리를 건너 니다로스 대성당을 찾아 나섰는데 길을 잃어 1시간가량 골목을 헤매다가 성당 뒤편으로 들어가게 되었다. 그런데 엄청난 수의 비석이 성당을 두르고 있는 것을 볼 수 있었다. 역사가 오랜 성당이 틀림없다. 각기 다른 크기의 비석들이 죽은 자의 전생의 모습을 말해 주고 있었다. 큰 비석은 큰 의미, 작은 비석은 작은 의미를 부여하면서. 그러나 누가 알랴. 몇 년만 지나면 모든 이의 기억에서 사라진다는 것을. 문을 열고 성당 안으로 들어가니 어마어마한 시설이 눈에 들어온다. 어두워서 잘 보이지는 않지만 관리하는 여자분이 표를 사서 들어오라고 한다. 성당 내부는 별로 관심이 없어 돌아 나와 외관을 사진 찍고 시내로 나왔다. 100m도 안 떨어진 곳에 도심이 있었다. 13시가 되어 배도 고프고 상가 구경도 할 겸 큰 쇼핑몰에 들어가니 실내 온도가 30도다. 밖은 눈 천국이지만 여기는 사람 천국이다. 누가 설계했는지 정말 멋진 건물의 쇼핑센터다. 왔다 갔다 하며 사진을 찍고 무얼 먹을까 고민하다가 역시 곡기를 먹은 지 오래되어서 오랜만에 쌀로 만든 초밥을 먹으러 갔다. 3층의 전망 좋은 곳에 위치하고 있는 식당이다. 그런데 정말 잘 찾았다. 내가 들어간 곳은 바로 스시 뷔페식당이었다. 1사람당 180크로네. 25,000원이다. 지난번에 조금 먹고 300크로네를 냈던 것에 비하면 공짜와 다름없었다. 먹고 또 먹었다. 콜라 2잔, 커피 1잔까지. 글을 쓰는 지금은 20시인데 아직도 든든하다. 다시 시내를 돌아다니다가 어부를 만나 바다에서 잡은 대게와 고기를 부두에서 직접 판매하는 것도 구경했다. 15시경에 호텔에 가서 가방을 찾아 역으로 와서 기다리다가 16시 40분에 스웨덴 스토르트엔역까지 가는 열차에 올랐다. 국경을 넘어 바로 도착하는 곳이다. 18시 40분에 스웨덴 스토르트엔역에 도착했다. 이어 바로 5분 뒤에 스웨덴 열차가 도착하여 타고 온 손님을 노르웨이 열차에 전달했다. 우리가 탄 스웨덴 열차는 순스발까지 가는 열차다(셍겐조약을 맺은 국가 간의 열차는 이웃 나라 국경을 넘으면 첫 도시 역에 정차하여 타고 온 승객을 내린 후 다시 승객을 받아 본국으로 되돌아간다). 급히 지도를 보니 순스발은 발트해와 접하고 있는 큰 도시다. 나는 이제 두 시간 뒤인 20시 45분경에 외스테르순드에 내리면 된다. 이리저리 시간을 보내고 있는데 벌써 외스테르순드가 다음 역이라는 자막이 뜬다. 허둥지둥 열차에서 내리니 눈이 펑펑 내린다. 열차에서 내린 사람들이 가는 곳으로 무조건 따라가니 약간 언덕진 길을 걸어 올라간다. 곧게 난 길을 오르니 광장이 나온다. 지나가는 사람에게 주소를 보여 주며 물으니 자기도 모르는지 일단 올라가서 왼쪽으로 가면 큰 호텔이 있는데 그곳에서 물어보라고 한다. 과연 왼쪽으로 걸어가니 깨끗하고 큰 호텔이 있다. 호텔 접수대에 가니 멋진 신사가 호텔을 지키고 있다. 내가 아침에 적은 외스퇴르순드 유스호스텔 주소를 보여 주고 길을 물으니 외스테르순드 관광 안내 지도를 한 장 꺼내어 위치 표시를 해 준다. 이제 관광 지도도 얻고 위치도 알아냈으니 찾아가기만 하면 된다. 그런 생각에 눈길도 힘들지 않고 걸어갈 수 있었다. 무거운 가방을 끌고 15분 정도를 걸어서 분명히 정확한 위치에 도착했는데 입구를 도저히 찾지 못했다(북유럽과 러시아에서는 겨울의 추위로 인해 큰 건물의 출입구가 불분명하고 보온을 위하여 출입문도 작다. 그리고 무엇보다도 간판이 없다. 심지어 A4 용지에 상호를 프린트하여 문 위에 붙여 둔 곳도 많았다). 밤은 점점 깊어지고 눈은 계속 내리고 시골 도시라 지나다니는 사람은 아무도 없다. 시간은 점점 지나 22시 30분을 넘어가고 있었다. 드디어 입구를 발견했다. 하지만 두꺼운 문은 도저히 열수도, 열리지도 않는다. 23시가 넘어가고 있어 이대로 문 앞에서 얼어 죽는구나 하고 생각하고 있는데 저쪽에서 개를 데리고 운동복을 입은 2명의 여성분이 걸어왔다. 눈 내리는 겨울밤, 23시가 넘은 시간에 만난 그들은 마치 눈 오는 날 하늘에서 천사가 내려온 것 같았다. "헬프 미!"를 외치고 적어 온 주소와 전화번호를 보여 주며 유스호스텔을 찾는다니까 얼마 전까지 빙빙 돈 건물을 가리키며 여기라고 한다. 그런데 들어가는 방법을 모른다고 하니 주소와 전화번호가 적인 종이를 유심히 보고 휴대폰을 꺼내어 어디론가 전화를 한다. 알고 보니 퇴근한 유스호스텔 관리인과 전화 통화를 하는데 영어도 아니고 도저히 알아들을 수 없다. 그러고는 나에게 영어로 휴대폰의 메일을 확인하라는 것이다. 나는 휴대폰도 없고, 메일도 확인할 수가 없었다고 하니 다시 전화를 걸어 한참을 이야기하더니 드디어 유스호스텔 문을 여는 비밀번호를 전달받아 문을 열고 들어가 우편함에 있는 내 방 열쇠를 찾기 위해 나의 한국 휴대폰 끝 번호인 1299를 누르니 카드 열쇠가 나온다. "브라보! 땡큐!"를 연발하며 환호로 답을 하니 카드를 주면서 좋은 여행이 되라고 하며 포옹 인사를 해준다. 역시 대단한 사람들이다. 카드는 메모가 적힌 종이에 포장되어 있었는데 인사와 7번 방에 들어가 자면 된다고 적혀있다. 캄캄한 복도를 헤매다가 열쇠를 사용하여 겨우 7번 방의 문을 열고 들어가 피로와 안심으로 인해 그냥 잤다.

○ 사족

왜? 외스테르순드 시골 마을의 운동복을 입은 2명의 여성은 눈이 내리는 깊은 밤 23시가 넘어 개와 함께 운동하러 나왔을까? 그리고 나를 만나 천사의 도움을 주었을까? 여행 중에 생각하고 생각하여 내린 답은 아래와 같다. 온종일 눈 내리는 날 스웨덴 외스테르순드 시골 마을의 두 여성은 방안에서 온종일 시간을 보내었을 것이다. 그리고 잠을 자려고 했다. 그런데 가족 같은 개라는 놈은 밖으로 나가 응가도 하고 운동을 하고 싶었을 것이다. 그래서 22시가 넘자 개는 문 옆에서 밖으로 나가자고 낑낑거렸을 것이다. 몇 번의 실랑이 끝에 주인인 여자는 개에게 항복하고 혼자 나가기가 무서워 나가기 싫은 또 다른 한 여자를 설득하여 함께 운동을 나섰다가 추운 겨울, 눈 내리는 밤, 눈을 뒤집어쓴 웬 미친놈을 발견하고 두려웠지만, 스웨덴 말이 아닌 영어로 "헬프 미!"를 외치니 천사로 변한 것이었다. 나는 어려움이 있으면 항상 천사가 와서 그 어려움을 쉽게 해결해 주었다. 인간이 만든 모든 신께 다시 한번 깊은 감사를 드립니다.

〈스웨덴 외스테르순드역〉

⑧ 베트남 랑선, 중국 핑샹 간 국경 넘기(도보)

■ **1995년 8월 19일**(하노이, 랑선 간)

06시 50분. 어제 베트남의 역사 도시 훼에서 17시 15분에 출발한 밤 열차는 오늘 아침 06시 50분에 드디어 공산 월맹의 수도 하노이, 아니 지금은 통일 베트남의 수도 하노이에 도착했다. 내가 고등학교에 다닐 때는 베트남전에 우리 군인들이 파견되어 싸우고 있었다. 그때의 교육으로 베트콩의 본부인 하노이에는 이상하고 괴상한 인간이 살고 있다고 생각하고 있었는데, 그랬던 내가 하노이에 마침내 입성한 것이다. 그러나 하노이는 어떤 다른 도시와도 전혀 차이를 느낄 수 없는 베트남의 수도였다. 많은 자전거, 오토바이, 자동차로 뒤엉켜 있는 평범한 도시였다. 열차에서 내리니 비가 내렸다. 이번 여행에서 처음 맞는 빗줄기였다. 그러나 해가 뜨자 금세 맑은 날씨로 변했다. 열차 여행으로 피곤한 몸을 잠으로 풀기 위해 중심가의 트랑텐 호텔에 가니 가격이 너무 비싸 일단 배낭여행자의 집합소이자 여행사인 달링카페로 갔다. 달링카페에 가니 생각보다 사람들이 매우 적었다. 알고 보니 하노이에서는 일일 투어 시작 시각이 06시에 시작되기 때문에 대부분의 여행객이 이미 출발했기 때문이었다. 그리고 빡빡한 여행 일정으로 내일도 여기서 머무를 시간이 없었다. 일단 오늘 저녁 9시에 출발하는 중국으로 육로로 넘어가는 국경도시인 랑선행 버스 승차권을 예매했다(10달러). 밤 열차 여행으로 너무 피곤하여 일단 잠부터 자기로 하고 주변에 있는 게스트하우스에 가서 방을 알아보니 없다고 한다. 그런데 얼굴이 예쁜 종업원 아가씨가 몇 군데 전화를 걸어 8달러짜리 방을 구해 준다. 그렇게 구한 비니 호텔의 구석방에 짐을 풀고 간단하게 빨래하고 침대에 누우니 10시다. 기차 여행의 피로를 푸는 깊은 잠을 자고 눈을 뜨니 15시가 되었다. 일어나 주변의 시장을 돌아다니다가 달걀과 베트남 만두로 점심을 먹었다. 다시 시내를 걸어 다니다가 시클로를 타고 호찌민 묘소로 갔다. 다낭에서 운반해 온 대리석으로 지은 웅장한 건물을 경비병들이 지키고 있었으며 호찌민 박물관 앞에서는 경비병들이 교대 방법을 훈련하고 있었는데, 걸음걸이가 마치 TV에서 본 러시아 레닌 묘소의 경비병 걸음걸이와 같았다. 호찌민 박물관 옆의 연못에는 못콧 사원, 즉 일주 사원이 있었는데 그곳은 하나의 나무 기둥 위에 세워진 불교사원으로 매우 아담하고 아름다운 건축물이었다. 다시 시내 쪽으로 걸어 나오면서 길옆 공원에 있는 레닌 동상을 보았다. 역사적으로 존경받던 위대한 인물도 지금은 공원에서 놀고 있는 아이들조차 관심을 두지 않는 돌조각에 불과했다. 조금 더 걸으니 종합운동장이 나타났다. 경기하는 소리가 들려 들어가니 사람들이 축구를 하고 있고 축구장 옆에서는 테니스를 치고 있었다. 그런데 테니스를 치시는 분들이 모두 흰머리의 노인들인데 치는 솜씨가 보통이 넘는 솜씨였다. 내가 지금 한국에서 테니스를 배우고 있는데, 그곳에서 본 노인들의 솜씨는 최소한 20년이 넘은 구력의 경기였다. 베트남 전쟁 중에도 테니스를 친 솜씨인 것이다. 아마 베트남 공산당 간부라고 생각되었다. 다시 시클로를 타고 호텔 옆에 있는 호안끼엠호수로 갔다. 이 호수는 하노이의 중심에 있으며 매우 흥미 있는 전설도 함께 가지고 있어 하노이 사람들의 휴식처로 이용되고 있다. 몽골의 침입에 뒤이어 명나라가 이 나라에 쳐들어와 백성들이 도탄에 빠져 있었던 15세기 초, 레 로이라는 사람이 이 호수에서 고기를 잡던 중 물보라와 함께 거대한 거북이 나타나서 번쩍이는 신비한 칼 하나를 주고 갔다고 한다. 레 로이는 하늘이 내린 이 칼로 명나라를 물리치고 영웅이 되었다. 그가 바로 베트남 최초의 장기 왕조인 레 왕조를 설립한 레타이토왕이다. 그 후 다시 레타이토왕이 이 호수에서 뱃놀이를 하고 있는데 천둥, 번개와 함께 큰 거북이가 나타나 칼을 돌려받아 갔다는 것이다. 이 호수의 중앙에는 옥산 사원이 있는데 다리로 연결되어 있었다. 입장료를 내고 들어가니 정말 박제된 큰 거북이가 있었는데 무게가 250㎏이고 길이가 210㎝ 정도 되는 거북이었다. 1968년에 이 호수에서 잡은 것이라고 했다. 이 호수의 이름의 호안끼엠은 한자로 '還劍'인데 칼을 돌려주었다는 뜻이다. 시간이 지나 저녁이 되어 쌀국수인 포로 때우고 호텔에서 샤워하고 체크아웃을 했다. 저녁 8시경에 달링카페로 가서 국경도시인 랑선으로 가는 차를 기다리고 있으니 종업원이 막차가 출발하지 못하게 되었다고 하며 하룻밤을 더 자고 내일 가면 안 되느냐고 한다.

나는 오늘 꼭 랑선에 가서 내일은 국경을 넘어 중국으로 가야 한다고 강조하고 표를 팔았으니 꼭 차편을 마련하라고 하니 다른 종업원이 오토바이를 타고 한참 동안 어디를 갔다 오더니 차가 있다고 한다. 그리고 나를 오토바이에 태워 어디론가 간다. 겁도 났지만, 오토바이는 어두운 하노이 거리를 이리저리 한참을 달려 나를 커다란 공터에 내려놓았다. 그곳은 높은 담장으로 둘러싸여 있었으며 낡은 미니버스 한 대가 있었고 베트남인들이 어둠 속을 오가고 있었다. 눈치를 살피니 먼 거리로 이동하는 사람들을 위한 불법 버스 정류장인 것 같았다. 달링카페 종업원과 버스 기사 사이에 한참 이야기를 하더니 차가 어디론가 출발하여 버린다. 큰일이라고 생각하면서 호텔로 돌아갈까 말까 망설이는데 또 한 대의 미니버스가 왔다. 다행히 그 버스는 랑선으로 가는 버스였다. 달링카페 종업원은 내가 차비를 버스 기사에게 주었으니 걱정하지 말고 타고 랑선으로 가라고 하며 베트남 말과 손짓, 발짓으로 설명을 했다. 종업원이 오토바이를 타고 떠나가자 약간은 걱정되었지만 잘될 거라는 생각으로 기다리니 버스 기사가 와서 운전사 옆자리에 앉으라고 손짓한다. 천천히 차안을 둘러보니 이미 몇 사람들이 어둠 속에 앉아 있었다. 차는 우리나라 봉고 크기의 차인데 제일 뒷좌석에는 세 사람이 정원인데 몸집이 작은 베트남인들은 다섯 사람이 앉아 있었다. 조금 기다리는 동안 몇 사람이 더 타니 정원이 되었다. 이미 시간은 23시를 지나고 있었다. 그리고 미니 차는 하노이시를 달려 어디론가 어둠 속을 달리고 있었다.

■ **1995년 8월 20일**(랑선, 난닝 간)

　차는 어둠 속을 계속 달렸다. 달리는 길은 포장 상태가 좋지 않아 차가 심하게 흔들려 잠을 잘 수도 없다. 00시 30분에서 01시 10분까지 길옆 휴게소에 잠시 휴식을 취했다. 이제야 조금 밝은 불빛에서 나와 함께 이동하는 베트남인들을 볼 수 있었다. 베트남인들은 이 어두운 길을 함께 달려온 한국인 나에게 많은 관심을 보이며 신기하게 생각한다. 나는 그들과 같이 맥주도 한잔하고 쌀국수도 먹고 하니 전혀 이상하게 보지 않고 베트남 담배도 피우라고 권하여 얻어 피우고 나는 한국 담배도 권하며 재미있게 시간을 보내며 휴식했다. 다시 차는 비포장도로를 달렸다. 이따금 전조등의 불빛을 통해 절벽 같은 산이 보이는 것을 보니 산속으로 차가 달리고 있다는 것을 느낄 수 있었다. 그믐이 되어 가는지 이제야 서쪽 하늘에 눈썹보다 큰 달이 밀림을 비췄다. 대나무와 야자수 등의 키 큰 나무가 우리나라 장승처럼 길을 지키고 서 있는 것이 보였다. 03시쯤에 랑선에 도착했다. 차가 도착한 곳에는 희미한 가로등 아래 월맹군 모자와 정복을 입은 청년들이 이렇게 깊은 밤에 잠도 자지 않고 오토바이 주변에 삼삼오오 모여서 떠들고 놀고 있었다. 그런데 차에서 내린 사람들이 뿔뿔이 흩어지자 나는 갑자기 외톨이가 되었다. 주변은 깜깜하고 약간 떨어진 곳에는 월맹군이 웅성거리는 난감한 신세가 되었다. 주변을 천천히 둘러보니 100m 정도 떨어진 곳에 밝은 불빛이 보였다. 지푸라기라도 잡는 심정으로 무작정 다가가서 보니 길가의 집인데 촛불이 켜져 있고 아버지와 아들이 자지 않고 향이 피워진 제단을 앞에 두고 앉아 있었다. 문을 열고 들어가 영어로 몇 마디 인사를 하니 손을 내저으며 나가라고 한다. 황급히 문을 닫았다. 암담한 심정으로 주위를 돌아보니 역시 월맹군은 저만치에 있고 어둠은 더욱 나를 두렵게 했다. 일단 조금 밝은 쪽으로 발걸음을 옮기니 커다란 네온사인에 한자로 '○○주점'이라는 간판이 보인다. 넓은 바다에서 등대 불빛을 만난 것만 같은 반가움으로 가까이 가 보니 벽면이 유리로 된 큰 호텔이었다. 그런데 문이 잠겨 있어 아무리 문을 두드려도 사람이 나오지 않는다. 어두운 밤거리에서 너무 큰 소리로 계속 문을 흔들고 소리를 지를 수도 없고 하여 주변을 둘러보니 그곳은 비포장의 큰길 옆이었다. 그런데 시골 장터인지 나무로 된 자판이 이어져 있었다. 다시 찬찬히 둘러보니 그 좌판에는 모기장이 몇 개 쳐져 있고 나의 소리에 누군가가 몸을 뒤척이고 있었다. 나도 일단 좌판에서 잠자기로 하고 가방을 베개 삼아 누우려고 하니 모기장에서 잠에서 깬 베트남인이 손짓하면서 모기장 안으로 들어오라고 한다. 가까이에서 본 그 베트남인은 월맹 군인의 옷과 모자를 쓰고 있어 지난날 우리 국군과 목숨을 걸고 싸우던 월맹군과 똑같았다. 나는 "깜언."이라고 하고 모기장 안으로 들어갔다. 자세를 잡고 잠들려고 해도 잠이 올 리가 없다. 어떤 이유로 타국 만 리 이곳에서 하늘을 지붕 삼아 거리의 나무 좌판에서 과거의 적과 동침을 하고 있는지, 만약 누가 내 모습을 본다면 뭐라고 평가할지 정말 한심하고 적막한 심정이었다. 그러나 이런 고통도 때가 지나면 즐거움으로 변한다는 것이 오랜 여행으로 단련하며 얻은 교훈이다. 갑자기 코앞의 모기장이 이상하다. 눈을 떠보니 베트남 쥐 한 마리가 바로 코앞 모기장에 붙어서 코를 발름거리고 있었다. 깜짝 놀라 눈을 크게 뜨니 금방 사라진다. 아마 이방인의 냄새가 베트남 쥐의 호기심을 자극한 모양이다. 나도 모르게 피곤하여 잠이 들었을까? 오토바이 소리가 요란하게 들리고 사람 발소리, 자동차 소리까지 들린다. 눈을 뜨니 날이 새려고 하고 새벽이 되고 있었다. 옆의 적은 아직도 잠들어 있었다. 새벽 5시나 되었나? 날이 훤하게 밝아 오고 오토바이들은 더욱 요란하게 소리를 내었다. 살며시 모기장을 빠져나와 이미 열어둔 큰 문을 지나 호텔 마당에 들어서니 마당 주변으로 큰 식당이 보이고 뒤쪽에는 돼지우리와 종업원 숙소 같은 방이 보였다. 한 시간 이상 서성거려도 아무도 보이지 않는다. 화장실은 가야 하겠고 날은 밝아 훤한데 신사 체면에 아무 곳에나 볼일을 볼 수도 없어 쩔쩔매고 있는데 호텔 문이 열리며 한 남자가 나간다. 이때다 싶어 호텔 문을 열고 들어서니 프런트에는 아무도 없다. 몇 번이나 영어로 "익스큐즈미!"를 외치니 방금 일어난 듯한 모습의 여자 종업원이 나온다. 영어로 중국으로 가야 하는데 도와줄 수 있느냐고 하니 전혀 알아듣지 못하고 베트남 말과 중국말을 하면서 서로 쩔쩔매고 있는데 뚱뚱하게 생긴 확실한 중국인이 세수도 하지 않은 모습으로 나와서 중국말로 종업원과 이야기를 한다. 이때다 싶어 안내 책을 펴서 지도를 가리키며 국경을 넘어야 하니 도와 달라고 손짓, 발짓으로 설명하니 따라오라고 한다. 무조건 따라나서니 호텔 마당에 있는 고물 자동차로 가서 14살 정도의 기사에게 국경 출입국 사무소로 가자고 흥정했다. 한 사람당 20,000동으로 하여 차를 출발시켰다. 중국인은 국경을 오고 가며 사업을 하는 중국인으로 엄청나게 큰 덩치에 눈에는 심하게 눈병을 앓고 있어 계속 손수건으로 눈물을 닦고 있어서 초조한 마음 가운데서도 웃음을 꾹 참아야 했다. 시골 같은 랑선을 뒤로하고 20분쯤 달리니 왼쪽으로 큰 도시가 보인다. 그곳은 바로 국경 도시인 돈탕이었다. 돈탕은 제법 도시다운 면모를 가진 큰 마을이었다. 저곳으로 잘 찾아왔더라면 이 고생을 피할 수 있었을 것으로 생각하며 중국인과 이런저런 이야기를 나누면서 10분 정도 더 타고 가니 차는 매우 깊은 계곡으로 들어갔다. 아마 이 길이 베트남 전쟁 때 월맹의 베트콩에게 중국에서 무기와 보급품을 제공했던 중요한 길인 호지명 루트인 것 같은 느낌이 들 정도로 길 양쪽으로 절벽으로 된 산이 솟아 있었다. 드디어 베트남 출입국 사무소에 도착했다. 10일 동안의 베트남 대장정을 마무리할 장소에 도착한 것이었다. 그런데 아직 끝난 것이 아니었다. 8시 정도에 도착했는데 월맹군 복장을 한 사무소 직원들은 이제야 세수를 하고 문을 열 준비를 하고 있었다. 10분 정도를 기다리니 문을 열면서 여권을 달라고 했다. 중국인의 여권과 나의 여권을 주니 한참을 보고 중국인은 통과 도장을 찍고는 돌려주며 통과시키는데 내 여권은 돌려주지 않으며 기다리라고 한다. 중국인이 중국 쪽으로 가면서 계속 눈 사인을 준다. 나는 재빨리 10달러를 꺼내어 별도로 준비하고 기다리는데 1분이 10분 같았다. 시간이 조금 지나자 베트남인, 중국인들이 몰려오며 오토바이 소리, 차 소리, 사람 소리로 사무소가 와자지껄하기 시작했다. 다시 사무소 직원이 나를 불러 영어, 중국어, 베트남어 중 어느 나라 말을 알아들을 수 있느냐고 물었다. 영어를 조금 알아들을 수 있다고 하니 여권을 돌려주며 당신의 여권 비자는 오직 비행기로 와서 비행기로만 베트남을 떠날 수 있는 비자라고 하며 하노이로 돌아가서 비행기로 한국에 돌아가라고 했다. 일부러 말을 못 알아듣는 것처럼 난처한 표정을 지으며 슬그머니 10달러를 여권 속에 넣어 다시 건네주며 잘 봐 달라는 최대한 비굴한 표정을 지으며 "쏘리.", "쏘리."를 연발했다. 지금까지 어떻게 하여 여기까지 왔는데 되돌아가란 말인가? 우리나라에서 숙달된 고개 숙이기로 꽉꽉 고개를 숙였다. 그 사이에도 중국인들과 많은 베트남인이 아무런 어려움 없이 사무소를 잘 통과하고 있었다. 드디어 난처한 표정을 짓던 사무소 직원은 못 알아듣는 베트남 말을 하고는 10달러를 챙기고 여권에 출국 도장을 찍고 돌려준다. 만세! 드디어 베트남을 떠나게 되었다. 드디어 육로로 국경을 처음 통과하게 되었다. 사전시식이 부족한 상태에서 가이드북만 믿고 비행기로 호찌민시에 도착하여 10일 동안 좌충우돌의 대장정이 끝나게 되었다. 오랜 전쟁으로 많은 사람이 죽고 문화재는 파괴되고 자연은 황폐하게 되었지만, 특유의 기질로 몽골, 중국, 프랑스, 미국 등의 강대국을 물리치고 다시 새롭게 태어나는 베트남. 베트남 사람들은 체구는 작지만 뛰어난 손재주, 특유의 상냥함, 붙임성 좋은 외국어의 사용으로 베트남을 다시 아시아의 천국으로 태어나게 할 것을 나는 이번 여행에서 확신할 수 있었다. 베트남 출입국 사무소를 나와 중국 쪽으로 300m 정도를 걸으니 중국 출입국 사무소에 도착할 수 있었다. 사진을 찍고 싶었으나 촬영 금지 구역으로 되어 있었고 혹시 잘못될까 싶어 참았다. 베트남 국경을 넘어오니 중국 쪽은 공기부터 다른 느낌이다. 우리나라 문경 새재의 관문 같은 큰 건물의 문에는 '우선관'이라고 적힌 큰 액자가 붙어 있었다. 중국의 출입국 사무원들은 매우 친절했으며 한국의 여권을 보여 주자 신기한 듯 넘겨 보고 이것저것을 물어보는데 알아듣지를 못해 답을 못 했다. 내가 한자로 입국 신고서를 작성하자 놀라며 한자를 잘 적는다고 "굿!"이라고 했다. 드디어 입국 도장을 받고 여권을 받으니 중국 땅에 들어온 것이다. 우선관을 나오니 많은 차가 국경 도시인 핑샹으로 가기 위해 손님을 부르고 있었다. 환전소가 없어 베트남 돈 20,000동을 내고 차를 탔다. 도로를 넓히기 위해 공사가 한창 진행 중이어서 교통체증이 심했지만, 핑샹에 도착하니 11시가 되었다. 핑샹은 중국 남부에 위치하고 있고 베트남으로 가는 길목의 도시다. 풍부한 임산물과 농산물로 도시는 베트남의 도시와는 비교가 되지 않을 정도의 큰 건물들이 많았고 백화점에는 상품들이 넘쳐나고 있었다. 중국 은행에 가서 100달러를 환전하니 840위안이었다. 은행 환전 직원이 왜 환전을 하는지 이유를 물어 방금 베트남에서 중국으로 들어온 한국인이라 하고 중국을 여행하고 있다고 했다. 그는 핑샹남역에 가면 13시에 열차가 있다고 했다. 시내에서 가까운 곳에 역이 있다고 이야기를 들어 무거운 가방을 메고 한낮의 뜨거운 햇볕 아래에서 걷기 시작했는데 20분을 걸어도 역이 보이지 않는다. 역시 우리와 거리 감각이 다르다. 중국에서는 열차로 하루 걸리는 거리도 가까운 거리이고 그들에게 이틀, 사흘 정도 걸리는 거리는 일상적으로 이동하는 거리다. 할 수 없이 지나가는 오토바이를 불러 뒤에 타고 핑샹남역에 도착했는데 국경을 지나오는 도중에 있는 아주 큰 역이었다. 역 주변에는 많은 열대 나무가 우거져 있었다. 시원한 나무 그늘에 앉아 한숨을 돌리니 아침부터의 강행군에 배고픔도 잊고 있었다. 큰 상점은 없고 자판에 약간의 음식들을 팔고 있어 보니 우리나라 누룽지탕 같은 것이 있었다. 너무 반가워 그 자리에서 세 그릇이나 후딱 비우니 파는 할머니가 놀란다. 시간이 되어 역에서는 승차권을 발매하기 시작했다. 그런데 실수로 230위안을 더 주고 승차권을 사고 말았다. 중국은 외국인에 대해서 열차비, 관광 요금 등은 중국인보다 3배에서 5배 정도 비싸게 받기 때문에 작년 중국 여행에서 터득한 비법으로 중국인 같은 행동으로 많은 돈을 절약할 수 있었는데, 이번에는 좀 비싸게 사고 말았다.

내 차례가 와서 구이린행 승차권 1장을 달라고 하니 판매원이 중국말로 한참 이야기를 한다. 말을 알아듣지 못하자 외국인이라는 것이 들통나서, 신분증을 요구하고 여권을 보여 주자 330위안을 내라고 하며 난닝행 승차권을 건네준다. 나중에 알고 보니 이 열차는 난닝이 종점이고 만약 구이린으로 가기 위해서는 난닝에서 다시 다른 열차를 타야 하는 것이었다. 그래서 처음부터 난닝행 승차권 1장이라고 했다면 100위안 정도로 갈 수 있었는데 외국인 승차권을 구입하니 330위안이 된 것이었다. 오후 1시 30분, 난닝행 열차는 깨끗하고 빠르게 달렸으며 주변의 경치도 푸르고 풍족한 열대의 초록의 경치를 보여 주었다. 철길 옆 들판에서는 베트남 농촌과 같이 삼모작을 위해 모심기와 타작을 동시에 하고 있었다. 창밖으로 보이는 산들은 전형적인 카르스트 지형으로 보이는, 야구방망이를 운동장에 꽂아둔 것 같은 산이다. 가끔 구이린 사진에서 본 것과 같은 웅장한 자태의 산들도 많이 보였다. 내 자리 주변에는 중국 젊은이들이 앉아 있었는데 쾌활하여 여행의 피로를 잊게 했다. 그들은 한국이 2002년 월드컵 개최를 희망한다는 것을 알고 있었다. 그리고 삼풍백화점 사건과 중국의 탁구 여자 스타 짜오쯔민의 결혼에 관해서도 관심이 있는 보통의 중국인들이었다. 한 젊은이는 담배 공장에서 3년 동안 일하라는 정부에서 보내 준 취직 증명을 보여 주어 개인의 직장도 정부에서 지정한다는 것을 알게 되었다.

베트남 국경에서 220km 지점에 있는 아열대 기후 도시인 난닝에 오후 6시에 도착했다. 비가 내리고 있었다. 오랜만에 고급호텔인 난닝판티엔에 여장을 풀었다. 난닝판티엔은 내가 지금까지 잔 숙소 중 가장 고급 숙소였는데 화려한 내부 장식과 맛있는 뷔페식당이 나를 반겼다(숙박비 350위엔). 샤워하고 식당에 가서 뷔페식으로 배를 채우니 배가 터질 것 같았다. 침대에 누워 TV를 켜 스타 TV(홍콩)의 운동경기를 보니 이제야 세상으로 돌아온 것 같았다. 여행의 피로와 외로움을 안고 이 밤의 끝을 잡고 홀로 잤다.

⑨ 중국 카스, 키르기스스탄 오수 간 국경 넘기(국제 버스)

■ 2016년 10월 10일(카스, 오수 간)

어제저녁 10시경에 잠이 들었다. 자기 전에 마신 맥주 1병 덕분에 피로가 확 풀리는 잠을 잤다. 06시에 일어나 샤워와 화장실 사용 후 국경을 넘기 위한 짐 싸기를 마치고 체크아웃을 했다. 카스 올드 타운 게스트하우스를 06시 30분에 나와 택시(30위안)를 타고 카스 서쪽에 위치한 국제 여객 터미널에 도착하니 07시가 되었고 아직 해가 뜨지 않았다. 국제 여객 터미널의 모든 문은 잠겨있고 버스가 출입하는 경비실에 야간 근무자가 자고 있어 문을 두드려 깨워서 문을 열어 달라고 하니 아직 출입이 안 된다고 한다. 추운 날씨에 해도 뜨지 않은 새벽에 이상한 놈이 와서 대합실로 들어간다고 하니 귀찮기도 하고, 들여보낼 수도 없고 하여 경비실로 불러들여 의자를 주면서 앉으라고 하고 09시까지 기다리라고 한다. 아니, 09시에 출발하는 표를 가지고 있는데 09시에 문을 연다니 말이 안 된다고 생각했지만, 중국인 걸 감안하니 어쩔 수 없다는 생각이 들었다. 멍청하게 기다리자니 새벽 추위가 심하다. 근무자는 코를 골고 잔다. 08시가 되어야 날이 새기 시작한다. 지금 내가 이 글을 적고 있으면서 확인한 시간은 베이징 시간이고 해가 뜨고 있는 카스의 시간은 아마 06시일 것이다. 09시가 되자 직원들이 출근을 시작한다. 그래서 터미널 입구로 가니 몇몇 여행객들이 이미 도착하여 카스 국제 여객 터미널 중앙 출입문 앞에서 서성이고 있다. 드디어 종업원이 문을 열고 승객의 짐을 검사하고 국제 여객 터미널로 입장시킨다. 그런데 그곳에서 한국인 2명을 만났다. 서울에서 온 이영수 씨와 김주영 씨다. 반갑게 인사를 하고 중국 여행에 대한 이야기를 나누고 가는 곳을 물어보니 같은 국제 버스로 오수로 간다고 한다. 당분간 함께 여행하자고 결정을 했다. 함께 이야기를 나누고 시간을 보내면서 중국식으로 기다리고 기다리니 10시가 되어야 버스에 승차할 수 있었다. 버스는 드디어 손님 17명의 탑승과 승객의 짐을 의자와 버스 밑에 싣고 10시 40분에야 출발했다. 그런데 생각한 만큼 국경 무역상들은 많지 않았다.

그런데 운전기사가 승객의 여권을 모두 거두어 가지고 갔다. 12시 25분경 1차 검문소를 지나고 2차로 40분경에 중국 국경 사무소에 도착하여 중국 출국 수속을 밟았다. 그런데 짐 검사는 하지 않고 사람만 여권을 가지고 출국 심사를 받았다. 13시 56분경에야 키르기스스탄 국경 사무소로 출발할 수 있었다. 중국 국경을 통과한 후 다시 우리의 여권을 모두 기사가 소지했다. 이유를 알아보니 중국 국경 사무소를 지나 키르기스스탄 국경 사무소로 가는 시간이 4시간이나 소요되어 혹시 그동안 여권을 가지고 손님이 사라지면 기사가 곤란하기 때문이라고 한다. 14시 20분경에 국경 사이에 있는 오아시스 마을에 도착하여 점심을 먹을 수 있었다. 국경 완충지대인 오아시스 마을의 짜장면은 수타 짜장면으로 맛이 좋았다. 17시 20분에 중간 중국 검문소에서 다시 짐과 사람과 여권을 점검한다. 지금까지 중국을 넘어 키르기스스탄 국경으로 가는 길은 파미르 고원의 가장 동쪽으로 계곡 양쪽의 황량한 산 경치가 너무 좋아 경치 감상에 빠져 피곤한 줄도 모르고, 또 내 옆에 앉은 중국인이 너무 친절하게 안내를 잘하여 힘들지 않은 여행이 되었다. 드디어 18시 05분에 키르기스스탄 국경에 도착했다. 그런데 국경에 도착하기 전에 기사가 우리를 제외한 다른 모든 사람에게 돈을 거두어 간다. 알고 보니 급행료가 여기에서도 살아있었다. 옛날 낙타 대상들이 오아시스를 지나면 물값과 약간의 비용을 주듯이, 아직도 살아있는 전통인지 궁금했다. 키르기스스탄 국경을 통과하는데 현지 주민들은 100위안 정도의 비용이 들었다. 드디어 출입국 사무소 직원은 18시 50분경에 "웰컴!"이라는 인사와 함께 한국인 3명의 입국을 축하하며 입국 도장을 꽝 찍어 준다. 모든 승객이 출입국 사무소를 통과해서 다시 버스에 승차하자 차는 출발했다. 19시 18분에 키르기스스탄 첫 검문소를 지나면서 운전기사는 식용유 3통을 관리인에게 주었다. 드디어 계곡이 보이고 이르케쉬탐 고개를 넘어간다. 좌측에는 설산이 바로 이어지고 우측에는 평원이 이어진다. 드디어 20시 14분에 고개를 넘어 차가 내려간다. 27분경에는 완전히 해가 졌다. 그런데 이것이 이르케쉬탐 고개가 아니었다. 다시 평원이 21시경까지 이어진다. 이 평원을 지날 때 양과 말과 야크가 보였다. 다시 오르막이 이어지고 이번에는 차의 좌, 우측 모두 눈이 보인다. 바로 이곳이 진정한 이르케쉬탐 고개인 것이다. 어둠 속에 고개 정상을 통과하는 트럭과 차의 불빛이 이어지고, 정상을 통과하자 엄청난 커브의 절벽 같은 하산길이 이어진다. 버스는 브레이크를 자주 밟는 탓에 힘든 소리를 내면서 내려간다. 커브와 커브를 연속으로 내려가는 모습이 어둠 속에서 이어진다. 마침내 고개를 안전하게 내려와 20분경에 첫 마을 휴게소에 차를 정차시키면서 저녁을 먹으라고 했다. 중국인의 협조로 키르기스스탄에서 첫 음식을 먹어 본다. 메뉴는 양고기탕(150솜으로 중국 돈으로는 15위안, 우리나라 돈으로는 3,000원)으로 맛이 있고 먹을 만하다.

다시 출발한 버스는 어둠 속을 달리는데 이제 도로 옆에는 희미한 백열등이 방을 밝히는 키르기스스탄의 마을이 이어진다. 달리고 달려 드디어 23시 15분경에 오수에 도착한다. 일단 밤이 늦어 이영수, 김주영 두 분이 예약한 오수 게스트하우스에서 같이 숙박하기로 하고 택시를 타고 오수 게스트하우스에 체크인을 하니 24시였다. 오늘도 장거리 버스를 타고 온다고 고생이 많았지만 멋진 여행이었다. 방(하루에 7불)을 배정받고 샤워하고 잠이 들었다.

〈중국 카스 국제 버스 터미널〉

〈카스 국제 버스 운행 현황〉　　〈중국 카스에서 키르기스스탄 오수까지의 버스 승차권〉

26. 내가 두 번 통곡한 사연

① 첫 번째 통곡한 사연

1996년 8월 4일, 백두산을 간다는 계획으로 부산에서 국제 여객선을 타고 5일 옌타이에 도착한 나는 5일에 출항하는 밤 배를 타고 다시 다롄으로 향했다. 다롄에 6일 07시에 도착하여 단둥으로 가기 위해 시외버스 터미널에 가니 이미 단둥행 마지막 버스는 떠나고 없었다. 나중에 그 이유를 알게 되었는데, 버스로 단둥까지는 14시간이 소요되는데 09시에 출발한 버스가 밤 23시에 도착한다. 너무 오랜 시간이 걸리는 탓에 버스는 이미 떠난 것이었다. 결국 다음 날 아침 06시에 출발하는 25인승 버스를 타고 단둥까지 14시간을 달려 저녁 20시쯤 단둥에 도착했다. 나는 시외버스 터미널과 함께 있는 단둥역 앞의 몹시 허름한 초대소에 방을 잡았다. 그 방에서는 북한 TV를 볼 수 있었는데 21시가 되자 종영했다. 다음날 나는 단둥 구경에 나섰다. 단둥의 구경은 시내 동쪽에 위치한 압록강을 보는 것이 전부였다. 압록강 건너편, 즉 위하도가 바로 앞에 있었고 둥근 원을 그리며 놀이공원의 움직이지 않는 대관람차도 보였다. 6.25 전쟁 때 폭격으로 부서진 압록강 철교의 끝까지 걸어가 봤다. 우리나라 북쪽 끝 땅이 조금 더 가깝게 보였다. 그다음은 유람선을 타고 구경하는 것이 있어 별생각 없이 유람선을 탔다. 많은 중국 여행객이 더운 여름 압록강 강가로 구경 왔다가 같이 타고 출발했다. 출발한 유람선은 강에서 먼 곳으로 이동하면서 주변 경치를 구경하는 줄 알았는데 그것이 아니고 최대한 북한 쪽으로 배를 운항하면서 북한 사람들이 잘 보이게 하면서 중국 말로 설명하는 것이었다. 북한 사람들은 무관심하게 유람선을 보거나 관심도 없다는 듯이 강가에서 빨래를 하거나 물을 길고 있었다. 모두 검은색 옷을 입고 정말 초라한 모습이었다. 중국 사람들은 위하도의 칙칙한 모습과, 반대편으로 고개를 돌리면 바로 보이는 높은 건물과 다양한 옷을 입은 중국 사람들을 비교하면서 웃고 즐기고 있었다. 그러나 같은 민족인 북쪽 사람들을 보고서 나는 통곡하고 있었다. 불과 몇 미터 앞에 있는 우리 민족이 마치 동물원의 동물같이 남들이 관람하는 처지가 되었다는 것이 너무나 슬퍼 눈물을 흘리지 않을 수 없었다. (일반적으로 국경과 국경이 강을 경계로 하는 곳은 이웃 나라의 유람선이 지정된 장소에 잠시 정박하게 하여 자국의 특산품이나 전통 먹거리를 파는 상점에서 쇼핑하거나, 입국을 기념하는 이벤트와 사진 촬영 등을 할 수 있게 되어 있다.)

② 두 번째 통곡한 사연

2018년 7월 26일 목요일 아침, 중국 만주리에서 09시에 국제 버스를 타고 중국 국경을 지나 러시아 국경 도시 자바이칼스크에 16시(이하 모스크바 시각)에 도착한 나는 4시간 이상을 기다려 20시 16분에 시베리아 횡단 열차가 지나가는 치타로 가기 위해 시간이 되어 열차를 타려고 했다. 그런데 뒤쪽에서 반가운 한국말 소리가 들렸다. 큰 소리로 들리는 말은 북한 말이었다. 나는 별 신경을 쓰지 않고 승차권과 여권을 확인받고 내 침대 칸을 찾아서 앉았다. 그리고 열차는 출발했고 다시 우리말 소리가 들렸는데, 그곳은 내 침대칸을 하나 건너 있는 칸이었다. 올 4월에 남북 정상이 만난 후 남북의 관계가 좋아진 것도 있고 하여 나는 용기를 내어 그쪽으로 갔다. 그곳에는 나이가 50대로 보이고 눈빛이 강하고 몸이 건장한 한 사람과 깔끔하고 피부가 하얀 젊은 사람이 앉아 있었다. 나는 "안녕

하십니까?" 하는 인사와 함께 "퇴직 후에 러시아를 구경하기 위해 다니는 64세의 고향이 창원인 김진호라는 사람입니다. 만나서 반갑습니다."라고 인사를 올렸다. 그러자 50대로 보이는 사람이 자기는 "조선에서 온 조 선생이라고 해 둡시다."라고 인사를 부드럽게 받아 주었다. 젊은 친구는 수줍어하며 아무 말도 하지 않는다. 다시 한번 더 만나서 반갑다고 하고 나는 지금 러시아에 와서 준비된 여행 계획 없이 여행하며 치타까지 간다고 하면서 혹시 러시아에 오래 계셨다면 좋은 장소를 소개해 달라고 했다. 그러자 조 선생은 자기들은 울란우데까지 가는데, 러시아에서는 몇 군데 가지 않았기 때문에 특별히 좋은 곳을 잘 모른다고 거부감 없이 잘 이야기를 받아 준다. 그리고 요즘 한국 사람(북한사람 포함)들은 러시아에서 90일 정도를 머물고 다른 나라로 나왔다가 다시 들어가야 하므로 북한에서 온 것이 아니고 국경 도시인 중국 만주리까지 괜히 나갔다가 다시 들어오는 길이라고 했다(요즘 유엔의 북한 제재 중 하나로 러시아는 모든 한국인에게 무비자 입국 90일 거주만 허가했다). 더 이상 나눌 말이 없어 나의 침대로 돌아와 있으니 저녁 식사 때가 되자 젊은 친구가 와서 함께 저녁 식사를 하자고 한다. 너무나 반가워 내가 저녁에 먹으려고 준비한 라면을 가지고 가니 그들은 소고기 소시지와 간단한 술안주, 보드카를 준비해 두었다. 그들의 안주와 술로 1시간 반 이상이나 먹고 이야기하느라 보르자에 도착하여 내릴 때까지 정말 많은 이야기를 나누고 헤어졌다. 강하게 보이는 조 선생은 평양외국어대 러시아어과를 졸업한 인텔리로, 아마 외화벌이 관리자인 것 같았다. 러시아가 전보다 지금 많이 살기 좋아졌다고 말하고, 지금 우리나라의 상태와 미래 전망도 강하게 말하여 당의 간부인 듯한 냄새가 강하게 났다. 그 밑에서 일하는 젊은 사람은 30세인데 이름을 밝히지 않고 총각이라고 했다. 내년 3월에 결혼한다는데 농담으로 곧 남북 교류가 될 것인데 조금만 참았다가 남쪽 아가씨와 결혼하면 어떻겠냐고 놀렸다. 정말 여행이 아니면 만날 수 없는 북쪽 사람이었다.

2016년에 러시아 이르쿠츠크역에서 나는 보았다. 어디로 이동하기 위해서인지, 역의 대합실도 아닌 역 중앙 바닥에 북한 벌목 작업자들로 보이는 사람들이 검은 작업복인지 외출복인지 모르는 옷과 검게 탄 겁에 질린 얼굴로 쪼그려 앉아 한 사람의 인솔자에게서 뭐라고 지시를 받으며 열을 지어 앉아 있던 30여 명의 북한인의 모습을. 그 당시의 북한은 이제 아닌 것이다. 22시 50분에 보르자에 도착하니 아직도 해가 남아 있다. 북한 사람들은 타고 온 열차로 울란우데로 가고 나는 보르자에서 내려 다음 열차를 타고 치타로 가야 했다. 조 선생과 뜨거운 이별을 하고 다시 치타행 열차를 타니 23시 20분이다. 침대를 정리하고 잠을 청하니 오지 않는다. 왜? 북쪽 사람과 저녁을 먹으며 나눈 이야기는 대화의 95%가 현재 우리나라 상태에 관한 정치 이야기였다. 우리는 여행하면서 우리나라 사람을 만나면 각자의 여행을 이야기하고 각자의 여행 정보를 공유하면서 웃고 떠들기도 하고 언제 한국으로 갈 것이며 어떤 음식이 맛있는지, 꼭 가서 봐야 할 곳은 어딘지 등 평범한 이야기를 나누는 것이 인지상정인데 즐거운 여행 중에도 통일이니 분단이니 정치 이야기를 해야만 하는가? 북쪽 사람들도 자유롭게 해외여행을 할 수 있게 되어 버스 안에서 열차 안에서 만나 이야기를 나누고 헤어지고 할 수는 없는지? 왜? 여행지에서 한국에서 왔다고 하면 꼭 남쪽이냐? 북쪽이냐? 하고 다시 한번 더 확인하게 되어야 하는지? 달리는 열차는 계속 흔들리고 열차 바퀴 소리도 크게 나고, 잠은 깊게 들지 않고 힘든 열차 여행이었다. 나는 열차를 타고 가면서 통곡했다.

27. 프랑스와 바게트

무엇이든 잘 먹는 나는 많은 나라를 여행하면서 먹는 것에 대해서는 별걱정을 하지 않는다. 그리고 요즘 젊은이들은 음식의 국제화가 되어 서양 음식도 잘 먹어 오랜 여행을 지치지 않고 다닐 수 있게 되었다고 생각한다. 그러나 우리 세대는 오직 한식만을 먹고 나이를 먹어서 김치와 밥이 없으면 하루도 못 견디는 친구들이 많다. 다행히 나는 할머니를 닮아 어떤 음식이든 배에 넣으면 다 알아서 해결해 주니 여행 체질 중의 최고의 여행 체질이다. 그동안 중국 여행에서는 먹는 것은 전혀 신경을 쓰지 않고 다녔다. 특히 많은 사람이 힘들어하는 '향차이(고수)'라는 양념은 나는 너무 좋아 더 넣어 먹기도 한다. 그런데 러시아와 유럽 여행에서는 나도 힘들기 시작했다. 다름이 아니라 매일 아침 빵, 우유, 햄 등으로 배를 채워야 했기 때문이다. 점심과 저녁도 고기와 샐러드 등은 국물 문화에 젖은 나를 피곤하게 했다. 그래서 점심과 저녁에는 꼭 맥주 한 병을 국으로 생각하고 먹어야 했다. 그런데 프랑스에 도착하여 유스호스텔에서 제공하는 아침을 먹다가 입안이 완전히 헐어버렸다. 다름이 아니라 딱딱한 바게트 때문이었다. 지금까지 부드러운 식빵을 먹어 오다가 무심코 먹고 입안을 엉망으로 만든 딱딱한 바게트는 나에게 큰 문화 충격이었다. 그리고 나서는 어떻게 또 바게트를 먹을지에 관한 고민을 온종일 했다. 그래서 커피에 넣어 부드럽게 하여 먹기도 했는데 먹기가 힘들었다. 프랑스 여행을 마치고 스페인으로 넘어와서 다시 부드러운 빵을 먹기 시작하면서 프랑스가 왜 한때 유럽을 정복하고 러시아까지 공격할 수 있었는가를 알게 되었다. 전쟁에서는 보급이 가장 중요한데 많은 전쟁 보급품 중에서도 먹는 것의 보급이 가장 중요한 품목이었다. 초원의 제국인 몽골 병사는 말 위에서 먹을 수 있는 육포와 치즈, 난(밀가루를 반죽하여 화덕에 구운 빵) 등의 음식으로 별도의 운반이 필요 없이 먹으면서 싸울 수 있었다. 미군들은 비행기에서 무조건 투하하는 씨레이션(C-ration) 박스만 있으면 먹고 전진할 수 있었다. 그런데 농경 민족인 우리는 모락모락 김이 나는 밥과 된장국이 없으면 힘을 쓸 수가 없다. 그러니 싸우기도 전에 이미 전쟁은 결판난 것과 같았다. 그런데 프랑스는 몽골 초원의 음식과 같은 바게트가 있었다. 럭비공을 늘어뜨린 것과 같은 바게트는 겉은 딱딱하여 이빨로 베어 물기가 어렵다. 칼로 베면 속은 부드러워 먹기가 쉽다. 그래서 짐 속에 넣어 다니면서 먹고 심지어 베개로도 사용 가능하다고 들었다. 우리가 먹는 부드러운 빵은 수분이 많아 하루나 이틀이 지나면 곰팡이 때문에 먹지를 못하는데 바게트는 오랫동안 쉬지 않아 전쟁 시 비상식량으로서 손색이 없었던 것이었다. 바게트는 먹는 것만으로도 입안을 공격하여 며칠을 괴롭혔다.

〈프랑스에서 바게트로 한 첫 식사. 입천장과 잇몸에 상처가 나서 3일 정도 식사하는 데 고생했음〉

28. 사막과 오아시스

우리 세대의 사춘기 시절에는 연애 편지라는 것이 있었다.

그때 빠지지 않은 문구가 "당신은 나의 사막의 오아시스입니다."였다.

지금도 가끔 유행가 가사에도 인용되는 문구이기도 하다. 그런데 사막의 모래도 밟아 보지 않았고, 사막을 보지도 않았고, 사막도 없는 땅에서 사는 우리는 왜 이런 문구를 사용했을까? 아마 편지지를 채울 내용도 없고, 많은 선배님이 사용한 문구이니까 그냥 써 본 것이라 생각된다.

그런데 나는 사막을 좋아하여 사막을 자주 여행해 본 결과 오아시스는 정말 지구의 미스터리고 큰 선물 중의 하나라고 생각하게 되었다. 황량한 사막 지평선을 사방으로 둘러보아도 보이는 것은 모래와 자갈과 황량한 산, 비가 거의 내리지 않는 땅, 물이라고는 없는 곳에서 물이 있다는 것을 알게 되었다. 나아가 물이 흐르고, 키 큰 백양나무가 울창하게 서 있고 포도와 각종 과일이 열려 있고 무엇보다도 사람들이 살고 있다는 것이다. 요즘에는 길이 발달하여 사막을 버스나 열차를 타고 가면 모래, 자갈, 바위, 황량한 산들이 이어지는 길을 가는데 정말 햇볕은 따갑고 이글이글 타는 온 천지는 맑고 막힘이 없는데 먼저 저 멀리 지평선에 검은 점이 보이기 시작한다. 그곳을 목표로 점차 다가가면 검은 점은 빵덩어리만큼 점차 커지고 차차 백양나무가 보이기 시작한다. 오아시스에 들어서면 땅에서 물이 솟는데 땅으로 나온 물은 인간들이 만든 물길을 통해 물이 엄청난 속도로 흐르고 있다는 것이 나는 정말 놀라웠다. 물이 이렇게 빠르게 흐르다니, 그런데 이상한 것은 오아시스를 지나면 그 많던 물이 어디로 갔는지 흔적조차 없다는 것이다. 그리고 또 이상한 것은 그 오아시스의 크기만큼 적당한 수의 사람들이 살고 있다는 것이다. 우리 인간들이 사막을 가다가 오아시스를 만나면 반드시 멈추어 쉬어야 할 이유가 세 가지가 있다. 첫째, 쉬면서 기력을 회복해야 한다. 둘째, 여정을 되돌아보고 정정해야 할 것은 정정해야 한다. 셋째, 같은 여행길에 오른 다른 사람들을 만날 수 있다. 우리 인생살이에서도 나의 오아시스를 만들어 쉬면서 기력을 회복하고, 지금까지 온 인생살이를 되돌아보고 반성도 하고, 인생길에서 만난 사람들로부터 많은 지혜도 얻어 앞으로 가야 할 인생살이에 도움이 되도록 해야 하는 것이다. 그런데 정말 이상하게도 멈추어 쉬고 활력을 되찾으면 더 많은 것을 할 수 있다. 더 많이 쉴수록 더 멀리 갈 수 있다.

〈사막의 오아시스에 흐르는 물〉

〈중국 타클라마칸 사막 오아시스 월아천〉

〈오아시스의 도시 둔황의 도심을 흐르는 물〉

〈중국 사막의 녹화 사업〉

〈둔황의 낙타 타기〉

〈중국 사막의 녹화 사업 후 변화된 사막〉

〈사막의 백양나무길〉

〈오아시스 마을의 마차 바퀴들〉

29. 왜 서양 사람들은 식사할 때 앞가리개를 하는가?

답은 간단하다. 식사할 때 흘리는 것이 많기 때문이다.

'아니, 흘려도 우리 음식을 먹을 때 더 많이 흘리는 것 같은데?'라고 생각하시겠지만 우리는 숟가락이 있어 안전하게 식탁 위의 음식을 입으로 가져올 수가 있다. 흘려도 주로 국물을 흘리는데, 이는 얼마든지 행주로 닦으면 깨끗해진다. 그리고 흘릴 위험이 없는 음식은 젓가락으로 운반하면 된다. 왜 서양 음식을 먹게 되면 우리는 긴장하는가? 먼저 식탁 위에 진열된 음식을 먹기 위한 도구를 보면 그때부터 질린다.

매너를 다루는 책에는 바깥 것부터 사용하면 된다고 적혀 있지만, 도구 사용에 신경을 쓰다 보면 음식 맛도 모르고 먹어야 한다. 그리고 탁자 위에 우아하게 접혀서 장식하고 있는 앞가리개는 턱 밑에 붙지도 않고, 허벅지가 짧은 나의 허벅지 위에 가만히 있지도 않고 흘러내린다. 엄청 불편하다. 그리고 빵에다가 잼을 발라 두 개를 겹쳐서 먹기 시작하면 어느덧 잼이 흘러내려 옷에 묻는다. 진득한 설탕과 함께. 그리고 빵을 먹으면 아주 작은 빵가루가 왜 그렇게나 떨어지는지! 서양인들은 아직도 먹는 방법은 유아 수준을 졸업하지 못했다. 우리는 앞가리개가 없어도 맛있게 식사할 수 있다.

30. 어둠, 샹들리에, 성당 종지기, 성냥팔이 소녀

나는 지금까지 살아오면서 여러 가지 궁금한 점, 즉 호기심이 많았다. 그중에서 아직도 시원하게 풀지 못한 문제도 있다. 예를 들면 '고압의 전기를 이동하기 위해 설치한 송전탑의 무거운 전선을 어떻게 허공에 설치할까?'와 같은 호기심이다. 그런데 정말 풀지 못한 문제를 확실하게 풀게 되어 너무나 기뻤다. 그것이 무엇인가 하니 '인류는 밤을 어떻게 밝혀, 즉 어둠을 어떻게 밝혀 신이 만든 것 같은 유물들을 남겨 놓았는가?'이다. 동굴의 벽화, 피라미드 속의 상형문자, 고분 속의 컬러 그림, 성당 벽화, 사막의 천불동에 그려진 그림 등, 인류는 어떤 빛을 이용하여 지금 우리가 감상하고 감탄하는 작품을 만들었을까? 여행을 다니면서 그런 유물들을 보면 볼수록 감탄하지만, 나의 의문을 해결할 수가 없었다. 인류는 19세기 말에야 전기를 발명하여 불을 밝혀 어둠을 물리칠 수 있었다. 이 말은 그 이전에는 어떤 빛을 사용해 왔다는 것이었다. 내가 어릴 때 등유라는 기름을 등잔에 담아 밤에는 밝게 불을 밝혔다. 그 빛은 조명이 약하고 그을음으로 방 천장을 검은색으로 변화시켰다. 그리고 오랜 시간 동안 사용하려면 기름을 자주 넣어야 했다. 그리고 양초도 있었는데, 양초는 말 그대로 '서양에서 들어온 초'라는 것이다. 지금 우리가 촛불 시위 때 사용하는 그 양초, 절에 공양하는 그 양초와 같다. 양초는 그을음은 적지만 빨리 타버려 계속 사용하려면 돈이 많이 들었다. 그래서 밤에는 별빛과 달빛이 가장 흔한 빛이었다. 더운 여름의 반딧불도 반가운 빛이었다. 그래서 어둠을 밝힌 가장 중요한 빛이 무엇인가는 나의 영원한 숙제였다. 그리고 고구려의 벽화, 성당의 벽화, 동굴의 벽화의 그림은 책에서 볼 수 있는데 어떤 빛을 이용하여 어둠을 밝히고 그렸다는 설명은 어떤 책에서도 읽을 수가 없었다. 단 이집트 피라미드 속의 상형문자는 거울을 이용하여 햇빛을 반사하여 지하 깊숙이까지 밝혀 문자를 돌에 새겼다는 내용은 읽은 적이 있다. 그 내용도 나를 설득시키지 못했다. 아무리 큰 거울을 사용했다 하더라도 낮에만 작업이 가능했을 것이다. 만약 깊은 피라미드 속에서 기름을 솜뭉치에 묻혀 횃불을 만들어 작업한다면 그을음과 산소 결핍은 어떻게 해결했단 말인가? 드디어 나의 오랜 숙제를 시원하게 해결해 주는 답을 찾았다. 2016년 11월 6일 일요일, 나는 눈 내리는 스웨덴의 수도 스톡홀름의 스칸센 야외 박물관을 찾았다. 1891년에 문을 연 박물관은 스웨덴이 급급한 공업화로 옛 모습을 잃어 가자 1500년대의 농가, 귀족의 저택, 교회, 유리 공장, 잡화점 등 약 150동의 전통적인 건물을 전국에서 모아 전시한 정말 가 볼 만한 야외 박물관이었다. 나는 그중 한 건물에 들어갔는데 전형적인 북유럽의 전통 시골 통나무집이었다. 집안에서는 어둠을 밝히는 도구, 즉 동물의 기름을 이용하여 초를 만드는 방법을 전시하고 있었다. 그렇게 만든 초는 아마 길고 어두운 밤의 연속인 북유럽의 겨울밤, 어둠을 밝히는 빛이 되었을 것이다. 숲속에서 많은 동물을 잡아 훈제와 건조로 만든 고기는 식량으로 하고 동물의 좋은 기름은 초로 만들어 긴 밤을 밝히는 빛이 되었던 것이다. "유레카! 유레카!", "이거구나!"하고 외쳤다. 철학자가 된 기분으로.

  초가 왜 인류의 어둠을 밝혔는가 생각해 보았다. 첫째, 동물의 기름을 이용하여 만들기 때문에 재료인 동물 기름 공급이 많아 만들기가 쉬웠다. 둘째, 그을음이 거의 나지 않았다. 셋째, 여러 개를 동시에 사용하면 더 밝은 빛을 만들 수 있다. 넷째, 가벼워 휴대하기가 좋다. 다섯째, 굵은 초를 이용하면 장시간 사용할 수가 있어 자주 교체할 필요가 없다. 여섯째, 램프 등에는 기름을 넣어야 하는데 잘못하면 흘러넘쳐 화재의 위험이 높지만, 초는 넘어져도 빠르게 큰 화재로 번지지 않는다. 이 이외에도 많은 장점이 있었을 것이다.

　스칸센 박물관에서 초를 만드는 방법을 구경한 이후로는 초를 촛대에 꽂은 각종 등잔에 관심이 생겨 가는 박물관과 어둠이 있는 곳인 성당마다 그곳을 유심히 보며 다녔다. 많은 박물관에서 초가 발명되기 전에 사용한 램프를 보았다. 램프를 보는 순간 『알라딘과 마술 램프』라는 동화가 생각났다. 불가능한 일은 램프를 비비면 신비한 하인이 나타나 어둠을 밝히는 빛과 같이 해결된다는 내용이었다고 생각했다. 그리고 가장 중요한 발견은 성당의 샹들리에였다. 돌로 된 큰 성당은 반드시 돔의 지붕과 긴 복도의 벽이 있는데 돌로 밀폐된 성당의 모습에서 빛은 가장 중요한 문제였다. 그래서 벽에는 스테인드글라스를 이용하여 모자이크로 성화를 만들어 햇빛을 통해 낮에 빛을 밝힐 수 있었다. 그런데 밤이 되면 낮처럼 햇빛을 이용할 수 없으므로 빛을 밝히는 것이 정말 문제였는데 성당의 벽은 돌에 구멍을 뚫어 초를 고정하면 되지만 돔의 천장 아래에는 방법이 없었다. 그래서 나온 것이 샹들리에다. 천장 가운데 도르래를 이용하여 아래위로 움직이게 하고 둥글게 층을 지어 많은 양의 초를 꽂아 성당을 더욱더 화려하고 밝게 했던 것이 샹들리에이다. 즉, '노트르담 성당의 꼽추 콰지모도'에게는 종을 시간에 맞추어 울리는 것 이외에도 샹들리에를 올리고 내려 초의 불을 꺼트리지 않는 일도 중요한 일과 중의 하나였을 것이다. 그리고 성당에 가장 큰 기부는 어둠을 물리치는 빛인 초를 공양하는 것이었다. 지금도 성당에 가면 가장 먼저 하는 일이 초에 불을 켜는 일이다. 얼마의 기부금과 함께. 그러면 촛값으로도 성당은 유지될 수 있을 것이다. 그리고 이것은 우리나라 및 동양에서도 똑같이 실시하고 있는데 지금도 성당은 물론 사원, 사찰에 공양을 올릴 때도 양초를 사 가지고 가서 불을 켜고, 또한 큰 행사, 혼인, 집안에서 제사를 모실 때 양쪽에 촛불을 밝히는 것도 이와 같은 이치인 것이다. 그래서 우리는 제사나 특별한 날

하는 기부금의 봉투에 '향촉대(香燭代)'라고 적는다. 즉, 향과 초를 대신하여 드리는 돈이라는 의미다. 인류는 초를 발명한 이후로 지금 우리가 보고 놀라는 엄청난 유물을 남겨 많은 세계 문화유산을 탄생시킨 것이다. 그리고 또 이어지는 한 가지는 "'성냥팔이 소녀'는 왜 크리스마스이브 날 성냥을 팔았는가?" 하는 문제다. 우리가 어릴 때 꼭 한 번씩 읽는 안데르센의 『성냥팔이 소녀』의 내용은 모두가 행복한 크리스마스를 앞둔 이브 날, 모두 크리스마스 축제를 위해 바쁘게 갈 길을 걸어가는데 성냥을 파는 소녀가 추위에 떨면서 성냥을 사 달라고 외쳤지만 모두 외면하고 결국 성냥을 팔지 못한 소녀가 얼어 죽는다는 내용이다. "왜 하필 소녀는 이브날 '성냥'을 팔았을까? 다른 기념품을 팔 수 있었을 것인데."라는 의문이 들었다. 그런데 초를 만드는 것을 보고 유럽의 많은 성당을 보고 난 후 더 많은 생각을 한 뒤에야 그 의문점이 풀렸다. 답은 다음과 같다. 보통 일반적인 날에는 집에 초를 켜기 위해서 성냥이 많이 필요하지 않았다. 그러나 크리스마스날에는 예수님 생일 기념 케이크에 꽂힌 많은 초에 불을 붙이려면 성냥 하나로는 부족하여 다시 또 성냥을 이용해야 했다. 우리가 지금도 생일 케이크를 사면 나이 수대로 초를 넣어 주는데 그 초에 불을 켜기 위해서 상당히 긴 성냥이 있는 것을 볼 수 있다. 성냥만을 사용하여 불을 켜야 하는 그 당시에는 가정마다 케이크에 불을 켜기 위해서 성냥이 많이 팔리는 크리스마스이브 날에는 성냥이 많이 필요했다.

〈동물 기름과 밀랍으로 양초 제작〉　　　　　〈세 손가락 양초〉

〈휴대용 양초〉 〈성당 공양 양초〉

〈초기의 램프들〉

〈벽걸이 램프들〉

〈초기의 샹들리에〉

〈모스크바 볼쇼이의 화려한 샹들리에〉

31. 중국과 변화

　나는 중국을 자주 여행했다. 1994년에 첫발을 디딘 후부터 거의 매년 중국을 여행했다. 중국 입국은 비행기보다 인천에서 출발하는 배를 많이 이용했다. 비행기는 내려서 공항에서 여행이 시작된다고 생각하고 배는 경비도 절약되지만, 배를 타는 순간 여행의 시작이라고 생각되기 때문이었다. 1994년부터 배를 타 보면 그 당시의 승객들은 우리나라 사람들이 중국을 오가며 물건을 파는 보따리상, 즉 국경무역상들이 대부분이었다. 그들은 우리나라의 모든 물건을 가져간 다음 중국의 농산물을 가지고 왔다. 그리고 1998년 이후에는 IMF로 실직한 많은 사람이 의류를 가지고 중국으로 들어가 우리가 만든 숙녀복과 여러 옷이 불티나게 팔렸다. 2010년 이후로는 우리의 휴대폰과 전자제품이 중국으로 이동되었다. 요즈음은 화장품과 여성 의류를 많이 이동시키고 있다. 그때 나는 중국에서 열차나 버스로 이동하면서 여행을 했다. 열차는 3등 칸인 잉쭈어(의자), 2등 칸인 6인용 침대열차로 장거리를 이동했다. 열차나 버스는 먼저 승차권을 사는 것부터 전쟁이었다. 1시간 이상 줄 서서 기다리는 것은 기본 중의 기본이고 그렇게 해도 승차권을 구한다는 보장도 없었다. 새치기와 암표상들이 판을 치고 있었다. 열차에 탑승할 경우 많은 사람이 높은 창문으로 넘어 들어갔다. 가지고 다니는 짐은 모두 엄청난 양이라 큰 보자기나 자루에 담아 다녔다. 한 객차에 정원을 몇 배나 초과했다. 그리고 객차의 내부는 냄새와 쓰레기로 범벅이 되어 있었다. 열차 내부에서도 담배를 엄청나게 피워대어 안개 속에 앉아 있는 것 같았다. 침도 많이 뱉어서 발밑을 조심해야 했다. 발 디딜 틈도 없는데 열차 안의 상인들은 상품이 가득한 수레를 잘도 끌고 다녔다. 먹는 것도 엄청났다. 서서, 혹은 걸으면서도 얼마든지 먹을 수가 있어 놀랐다. 버스 안도 열차 안과 마찬가지였다. 또 중국인들의 몸 냄새는 대단했다. 길거리에는 자전거, 오토바이, 차와 사람들이 뒤엉켜 모든 차가 울리는 클랙슨 소리, 오토바이의 엔진 소리가 넘쳐났고, 매연 탓에 코와 귀를 막고 다녀야 했다. 장거리 시외버스는 도착 시각이 일정하지 않았다. 그러나 모두 아무리 늦게 도착해도 아무 말도 하지 않았다. 거리를 다니는 사람들은 거의 검은색의 옷을 입었다. 엄청난 먼지로 하루만 돌아다니면 모든 옷이 먼지로 덮여 검게 되었다. 화장실 이야기는 생략한다.

그런데 2000년부터 중국은 조금씩 변하기 시작했다. 단속과 벌금이 강화되었었다. 공공장소에서 담배를 피우면 어디선가 단속하는 사람이 나타나 벌금을 매기고 돈을 받았다.

아무리 도망가려고 해도 벌금을 내지 않으면 놓아 주지 않았다. 나는 2010년 전까지는 거의 매년 위와 같은 느낌으로 중국을 여행했다.

그리고 6년이 지난 2016년에 갔을 때 엄청난 건물과 도로와 철도를 보고 놀랐다. 이 변화의 시발점은 2008년 베이징올림픽이라고 생각된다. 베이징올림픽을 위하여 중국 국토의 변화와 중국인들의 정신까지도 변화하는 엄청난 변화가 시작되었다. 그와 동시에 중국의 산업화가 시작되었다. 짝퉁이라는 말이 나오기 시작했다. 그러다가 짝퉁이라는 말에서 '대륙의 실수'라는 말이 나오기 시작했다. 즉, 지금까지 중국은 불량품을 만들어 싸게 팔았는데 그동안 엄청난 기술의 발달로 제품 같은 제품이 나오자 아마 중국 공장에서 실수로 좋은 제품을 만들었을 것이라는 비아냥이 내포된 단어였다. 2016년에 중국에 갔을 때만 하더라도 많은 중국인이 삼성 휴대폰을 사용하고 있었다. 그러나 올해인 2018년 7월에 중국을 여행할 때는 삼성 휴대폰은 구경조차 할 수 없었다. 그리고 모든 돈의 결제는 휴대폰을 상대방의 큐알 코드에 맞추면 되었다. 먼 초원의 시골에 가도 휴대폰 결제가 가능했다. 도로는 너무 잘 건설되어 있어 굽은 길이 없이 거의 직선으로 달리게 되어 있었다. 그리고 그 도로 위로 엄청난 화물을 실은 화물차들이 달리고 있었다. 심지어 자동차를 운반하는 차는 25대의 차량을 한 번에 실어 나르고 있었다. 열차 여행은 최고의 시설을 자랑했다. 도시 이름의 역은 역사 속의 역이 되었다. 왜냐하면 도심의 4~10㎞ 외곽에 엄청나게 큰 역을 건설하고 고속철도를 건설했기 때문이었다. 예를 들면 베이징짠(베이징역)은 아주 작고 열차가 거의 서지 않는다. 반면, 베이징시짠(베이징서역)은 아주 크고 고속철도의 시발점이다. 같은 의미로 칭다오 베이짠(칭다오북역)은 아주 현대식 역이다. 역 내에는 멋진 시설로 많은 승객이 아주 안전하고 질서 있게 승하차를 하도록 시설이 잘되어 있었다. 그리고 많은 도우미가 승객들이 편안하게 철도를 이용할 수 있게 승차권을 사는 곳에서부터 승차하는 곳까지 곳곳에 서서 도와주었다. 철도 교통의 발달로 기존의 2~3일 정도 소요되는 장거리 시외버스는 거의 사라졌다.

그다음으로 도시 내의 교통은 거의 전기 오토바이, 전기 자전거, 전기차 등을 통해 소음과 매연이 많이 줄었으며, 도시 외곽 순환도로의 건설로 인해 차량의 흐름이 많이 빨라졌다.

그리고 중국인 중 남자들의 모습이 완전하게 변했는데 이전의 떡진 머리카락이 다양한 패션의 머리로 바뀌고 옷도 세련되게 입어 유행을 창조하고 있었다.

더욱 변한 것은 손에 바퀴 달린 여행 가방, 머리에는 멋진 이어폰, 몸에는 좋은 옷, 발에는 좋은 신발 등을 착용한 중국인들의 모습이었는데, 이전과는 달리 머리끝에서 발끝까지 변해서 정말 놀랐다.

또 엄청난 먹거리에도 놀랐다. 이전에는 여러 요리를 주문하고 엄청난 양을 먹지도 못하고 남기곤 했는데 지금은 뷔페식으로 준비한 음식을 먹을 만큼만 담아 계산하는 방법으로 경비 절약과 남는 음식 없이 먹는 방법으로 변한 것이다.

그 외에도 사막과 초원에도 변화의 바람이 불어 큰 공장들이 건설되어 연기를 뿜고 있었고 초원의 게르에도 승용차와 화물차 오토바이가 게르 옆에 주차되어 있었다. 중국의 유명한 관광지는 중국인들로 넘쳤는데 특산품 판매대에는 많은 특산물과 기념품들이 불티나게 팔리고 각종 놀이기구 앞에는 이를 타기 위한 긴 줄이 만들어져 있었다. 모든 것이 이제는 '만만디(慢慢的)'에서 '콰이콰이(快快)'로 변해 있었다.

〈중국에 새로 건설된 칭다오 베이짠〉

〈역의 내부〉

〈역의 개찰구. 18번과 19번이 표시되어 있다〉

〈중국 열차 승차권〉

〈중국의 사막에 지어진 큰 공장〉

32. 니스의 어린이 놀이터

2017년 1월 5일 목요일. 나는 프랑스의 지중해 해양 휴양 도시 니스를 걸어서 구경하고 있었다. 니스역으로 가서 베네치아로 가는 열차 승차권을 예매한 후 샤갈 미술관에 가서 샤갈의 그림을 감상했다. 12시경 미술관을 나와 니스해변으로 가기 위해 천천히 골목길과 도로를 걸어 내려오니 하천 위에 만든 공원이 나온다. 유명한 빠이롱 공원이다. 이 공원은 바다까지 이어진다. 공원에서는 많은 사람이 휴식을 취하고 있었다. 아이들 놀이터에 있는 놀이기구는 고래, 낙지, 고기 등의 모양을 하고 있었는데 워낙 예술적으로 잘 만들어 역시 프랑스 사람이라고 생각했다. 프랑스 아이들은 어릴 때부터 이러한 예술품을 갖고 놀고 자라서 어른이 되면 훌륭한 예술가가 되는 것 같았다. 그날의 사진들이다.

33. 내가 느낀 멋진 디자인들

나는 여행에서 아주 멋지게 디자인된 것들을 보았다. 그것들을 모아
보았다.

34. 짝퉁의 세계

짝퉁은 항상 비난을 받는다. 그러나 짝퉁으로 인하여 더욱더 좋은 예술품이 나올 수 있다는 것을 나는 확신한다.

〈세 여자 그림의 짝퉁〉

〈여자 뒷모습 그림의 짝퉁〉

〈문들의 짝퉁〉

35. 노르웨이 플롬의 한국어 환영 인사

2016년 11월 12일, 노르웨이 플롬에서 배를 타고 피오르를 구경하며 구드방엔으로 가기 위해 여행자 사무실 옆 대기실에서 배를 기다리고 있었다. 그곳의 선승 매표소 앞 벽에는 각국의 환영 인사말이 적혀 있는데 한글로 된 글은 없었다. 나는 매표소 사무원에게 부탁하여 종이를 구하여 "환영합니다!"라는 말과 그 밑에 "Hwan Young Hap Ni Da!"라는 영어와 'R.O.Korea 대한민국'이라는 글귀를 적어 벽에 붙여 놓았다.

〈내가 직접 붙인 환영 인사〉

2016/11/12 12:08

〈각 나라 언어로 된 환영 인사〉

36. 인간의 기도

우리가 여행 중에 가장 많이 방문하는 곳은 틀림없이 각종 종교 시설일 것이다.

동남아시아의 사원은 화려하기도 하고 건축미도 있어 시시때때로 아름다움을 나타낸다. 동이 트는 새벽에 보는 사원, 한낮에 높은 곳에 위치한 사원에 올라가 내려다보는 광활한 전망을 즐기는 사원, 해 질 무렵 노을과 함께하는 사원 등.

서양의 성당들은 화려함의 극치다. 성당 안과 밖에 장식된 화려한 조각과 문양, 성당 내부의 엄숙함 등은 모두의 고개를 숙이게 한다.

중국 티베트 불교 사원은 특별한 건축과 내부의 화려함, 각종 무서운 탈들, 등신으로 된 달라이라마의 상 등을 통해 또 다른 종교의 세계를 나타내고 있다.

나도 여행하며 어느 도시에 가면 그 도시의 성당, 사원, 사찰 등 많은 곳에 들어가 구경을 하고, 앞으로의 여행을 위해 기도하고 성금을 내었다.

그런데 '왜 우리 현재의 인간들은 이렇게 종교를 생활화하여 일상생활의 일부가 되었고 또 얼마나 많은 어려움을 해결하기 위해, 혹은 극복하기 위해 그토록 오랜 시간 동안 기도를 하고 또 기도하게 되었을까?' 하는 의문이 생겼다.

그리고 왜 그렇게 긴 주문을 외우고 또 외우고 낭송해야 하는가?

위대한 성인들이 태어나기 전에는 인간들은 어떻게 어려움을 해결하고 극복했을까? 나는 생각하고 생각했다. 그래서 나름의 결론을 얻었다.

인간들도 진화하는 과정에서 처음에는 구강구조가 발달하지 않아 야생 동물의 소리를 내었을 것이다. 지금의 원숭이 소리 정도였을 것이다. 그리고 진화를 거듭하는 과정에서 드디어 어려움을 당하는 순간 "앗!", "엇!" 등의 외마디의 소리로 주문이 나왔을 것이다. 지금과 같이. 그다음의 주문은 수만 년 동안 변함이 없는 "엄마!", 혹은 "어머나!"였을 것이다. 왜냐하면 엄마는 내가 태어난 순간부터 모든 어려움을 해결해 주었으니까. 지금도 많은 사람이 "오~매야!", "아이고 어무이!", "엄마!"를 소리 높여 부른다. 남자의 비극은 여기서 시작되었다. 우리는 어려울 때 "아이고, 아부지!"라고 하지는 않는다. 오직 하늘 같은 아버지가 실수할 때만 사용한다. 그리고 진화된 인간이 땅에 발을 붙이고 살기 시작하면서 점점 주문의 내용은 많아지고 길어져서 책이 되고 수많은 종류의 책은 산이 되었다.

　나는 아직도 "어무이!"라는 주문 하나로 모든 어려움을 극복하고 있다. 수만 년 동안 검증된 유일한 주문이다.

37. '5불당 카페'에 남긴 멘트 중에서

■ 2016년 5월 2일

　이 카페에 글을 쓴 후 우루무치에서 이곳으로 오는 방법을 문의한 후 오시면 픽업을 부탁해 만나고 내 숙소에 나흘 동안 머물며 알마티 일정을 끝내고 다음 행선지로 가시는 꼬장 님, 아이디가 꼬장이라 궁금했는데 의외로 올 2월 말 정년을 꽉 채우신 고교 교장 선생님이셨다. 내 집 직원과 함께 찍은 사진이다. 가운데가 꼬장 님.

■ 2016년 10월 5일

  지난 3일, 밤늦게 중국 서부 오아시스의 중심도시 카스에 도착하여 키르기스스탄으로 가는 방법을 직접 알아본 결과입니다.

  참고 바랍니다. 카스의 서쪽 끝에 얼마 전에 새로 지은 국제 버스 터미널이 완공되어 운영 중입니다. 시내버스 20번이 국제 여객 터미널과 카스역과 마주 보는 로컬 버스 터미널로 운행합니다. 물론 20번은 시내 중심가를 통과하기도 합니다.

  10월 현재 일주일에 한 대의 버스가 운행되는데 일요일에 버스 승차권을 예매하고 월요일에 출발한다고 합니다. 아직 예매하지 않아 출발 시각을 알 수 없지만 아마 10시(베이징 시간)경에 출발할 것 같습니다. 성수기에는 일주일에 몇 편이 더 증편되는 것 같은데 그 기간에 다니시는 분이 있다면 또 정보 제공 바랍니다.

                                        이상 카스에서 꼬장 드림.

■ 2016년 11월 10일

  이제 돼지털 여행자가 된 꼬장입니다.

  북킹닷컴에서 숙소를 예약하여 다니고 있습니다. 지금은 키루나에 있습니다. 엄청난 노천 철광산이 있는 스웨덴의 도시입니다. 1970년도에 고등학교 세계 지리 시간에 키루나의 철광석을 여름에는 나르비크항에서 운반하고(열차로 3시간 소요) 겨울에는 얼기 때문에 부동항인 룰레오항(열차로 4시간 소요)에서 외국으로 운반한다고 배워 기억에 남은 도시입니다. 러시아 상트페테르부르크에서 열차를 타고 핀란드 헬싱키에 입국하면서 출입국 사무원이 "왜 핀란드에 여행 오게 되었나?"고 묻길래 핀란드를 잘 모르면서 아름다운 자연과 산타클로스를 만나기를 원해서라고 했는데 알고 보니 산타의 고향이 핀란드였습니다.

유레일 패스로 가장 북쪽으로 9시간 30분 정도 걸리는 도시가 로바니에미라고 되어 있어 또 무작정 갔더니만 아니 그 속에 산타 마을이 있었습니다. 비수기라 눈도 없고 우리 동네의 마당쯤 되는 곳을 산타 마을이라 하고 겨울 눈밖에 없는 경치를 빙자해 관광 수입을 엄청나게 올리는 지역이었습니다. 다시 더 북쪽인 노르웨이 나르비크로 목적지를 정하고 가다 보니 키루나에 오게 되었습니다. 내일은 나르비크로 가서 다시 노르웨이를 종단하여 오슬로까지 올 생각입니다. 물가가 엄청 비쌉니다. 먹을 것을 조금 샀다고 생각했는데 50,000원 정도의 금액이 되었습니다. 호텔비가 1박에 7만 원입니다. 혹시 오로라를 구경하는 방법을 알고 계시는 분이 있으면 댓글 부탁합니다.

■ 2017년 1월 10일

꼬장, 새해 인사 올립니다.

드디어 걷고 걸어, 헤매고 헤매어 파리, 몽셀미셸, 보드로, 마드리드, 쿠엥카, 바르셀로나, 니스, 베네치아, 피렌체를 거쳐 10일경 로마에 도착했습니다. 피사에 가서 흑인 아가씨 2명에게 소매치기 예행연습을 경험했습니다.

물론 무사했습니다. 나에게 몸을 부딪치는 사람은 무조건 문제가 있는 인간입니다. 불 꺼진 금요일에 무슨 볼일이 있다고 몸을 부딪치겠습니까?

13시부터 콜로세움, 포로로마, 판테온, 트레비 분수, 스페인 광장까지 걸어서 헤매었습니다. 정말 굉장한 역사지만 연연하지 마세요. 그냥 보세요. 우리도 멋진 역사가 있습니다. 그들은 그렇게 지내 왔고 지금도 큰소리치고 있습니다.

많은 흑인을 보고 생각했습니다. 그 오랜 석기시대는 그들의 시대였는데 시대가 지나니 고생하고 있다고. 앞으로 우리의 시대가 왔습니다.

멋지게 향유하면 됩니다. 이탈리아, 스페인, 프랑스, 영국, 독일, 체코, 오스트리아에서 만난 한국 청년들을 보고 우리의 시대가 시작되었다고 생각합니다.

그냥 즐기시길 바랍니다. 촛불도 하나 못 든 못난이가 인사드렸습니다.

38. 여행에서 만난 사람들

여행은 결국 사람을 만나는 것이다. 아무리 멋진 경치를 보고 감탄을 하더라도 결국 사람을 만나 경치를 공유하고 사람의 다녔던 길을 가야 하는 것이 여행이다.

내가 만난 사람들은 나에게 많은 도움을 주어 내가 무사히 여행을 마치고 집으로 돌아올 수 있게 해 준 하늘이 보낸 천사들이었다. 나를 태워 준 많은 버스, 열차, 배, 비행기의 운전 전문가들, 나를 먹여 준 많은 요리사들, 잠자리를 제공한 많은 숙소 종사자들, 함께 여행하고, 함께 이야기하고, 함께한 많은 사람이 그들이다. 많은 천사 중 아직도 나와 관계를 유지하고 있거나 기억에 남는 사람들을 적어 본다.

① 일본인 오다 진사쿠(小田 仁作)

　나의 첫 해외여행인 1992년 여름, 일본을 여행하던 중 오사카에 도착하여 하룻밤을 지내고 무작정 시내버스를 타고 도시를 알아보기 위해 가던 중이었다.

　마침 아침 출근 시간 때라 어떤 일본인이 내 좌석 옆에 앉게 되었다. 그런데 그 일본인 손에는 한국어책이 들려 있었다. 첫 일본 여행에서 가장 놀란 것은 지하철, 버스, 기차 등에서 만난 일본인들의 손에는 꼭 책(만화책이나 손에 잡히는 작은 책들)이 들려 있고, 그들이 그것을 읽고 있다는 점이었다. 그도 그런 일본인 중의 한 사람이었는데 한국어책을 읽고 있었던 것이다. 나는 아주 천천히 말했다. "한국어를 열심히 공부하고 계시는군요!" 그 일본인은 이런 아침 출근 시간에 한국인을 만난다는 것에 너무나 놀라 기뻐하며 서로 인사하고 주소를 주고받았다. 그는 오사카 지하철 에스컬레이터 담당 전문기사임과 동시에 일본 장기 명인이었다. 그 후 그와 많은 편지가 오가고 하여 나중에는 그가 우리 집도 방문하게 되었다. 그리고 2000년에 연세대학교 한국어학당에 입학하여 6개월 동안 한국어 공부도 하여 2002년 한일월드컵 때는 고향 오사카에서 한국어 자원봉사자로도 활동했다. 특히 한국어 공부는 부인의 권유로 시작했다는 내용이 일본 아사히 신문에 기재되었다. 2002년 이후로 내가 학교 중요 직책을 맡아 동분서주하는 관계로 그와 연락이 두절되었다. 2000년이 환갑이었으니 지금은 79세가 되었을 오다 상의 건강과 행운을 기원해 본다.

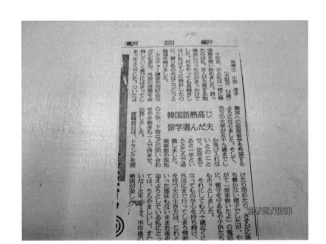

〈오다 선생의 부인이 아사히 신문에 기고한 내용〉

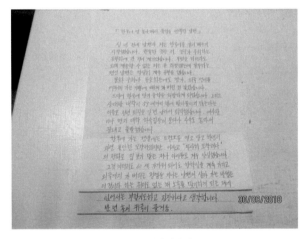

〈오다 선생의 번역문〉

② 중국인 방 쥔(方軍)

1995년에 나는 베트남 호찌민시에 입국하여 육로로 베트남과 중국 국경을 넘어 난닝을 경유하여 그 당시 우리 한국인들이 가장 많이 여행을 다니던 중국 남쪽의 카르스트 지형의 백미인 구이린(계림) 구경을 위해 구이린에 도착했다.

그리고 중국인들이 구이린을 여행하는 방법처럼 중국인 호객꾼을 통하여 표를 구하여 중국인 속에서 여행하게 되었다. 내가 중국말을 한마디도 알아듣지 못해 어려움에 처해 있을 때 나의 영어를 듣고 천사가 되어 준 중국 청년이 바로 방 쥔이다.

그는 큰아버지 부부와 어린 남동생을 데리고 웨양에서 구이린에 여행온 웨양 사범대학 영어교육과 대학생이었다. 구이린 여행 후 나와의 편지를 주고받고 나는 두 번(1997년, 2000년)이나 웨양을 방문하여 그를 만났다. 그리고 그는 대학을 졸업한 후 웨양 제8 중학교 영어 교사로 근무하게 되었다. 그가 곧 결혼하고 딸과 아들을 낳고 사업가로 성공하는 동안 나는 학교 업무로 정신을 차릴 수 없이 바쁘게 세월을 보냈다. 그리고 퇴직 후 2016년 4월, 2017년 4월, 2018년 7월에 그와 다시 만나 지금까지도 서로 휴대폰으로 연락을 하며 즐거운 시간을 보내고 있다.

〈방 쥔의 편지〉

〈중국 친구 방 쮠의 가족과 함께〉

〈카자흐스탄 알마티 카작한우리 게스트하우스의 박 사장, 변 승무원〉

2016/05/01

〈카자흐스탄 아가씨들(한류로 인해 한국인만 봐도 사진을 찍자고 한다)〉

2016/05/01

〈카자흐스탄 열차의 댄싱걸 자나윰〉

〈바이칼 알혼섬에서 만난 여행자들〉

39. 로마 트레비 분수의 철학

　요즘 유명 관광지에 가면 분수나 연못에 동전을 던지고 행운을 빌면 이루어진다고 하여 관광객들이 동전을 던지는 행위를 많이 하게 하여 모은 돈으로 불우 이웃을 돕는 행사를 한다고 한다. 이것의 원조는 누가 뭐래도 '로마의 트레비 분수가 최초가 아니었나'라고 생각했다. 이곳의 스토리텔링은 '다시 로마에 올 수 있는 행운을 가진다는 것'이다. 고대 로마는 정말 꿈의 도시였다. 동쪽에서 낙타와 말을 이용하여 엄청난 길을 걸어온 사람들에게 있어 로마 도심의 분수인 트레비를 본다는 것은 지금 달나라에 가는 것만큼 어려운 여정이었을 것이다. 그러한 어려움을 극복하고 다시 로마에 온다는 것은 정말 행운 중의 행운이었던 것이다.

　꼭 트레비 분수가 아니더라도 멋진 곳에 다시 올 수 있다는 것은 무엇을 의미하는 것일까? 나는 그 해답을 이렇게 내렸다. 어떤 위치에 다시 한번 더 오게 되었다는 것은 내가 건강하여 두 발로 다닐 수 있고, 생활의 여유가 있어 시간을 자유롭게 가질 수 있고, 다닐 수 있는 돈이 있다는 것이다. 즉, 건강, 시간, 돈이 있다는 말이다. 우리는 인생에서 문제가 생기면 종교 시설이나 소위 '기도발이 잘 받는' 곳을 찾아가 약간의 돈을 내고 해결을 위한 기도를 한다. 이러한 행위의 가장 밑바닥에는 바로 로마 트레비 분수의 철학이 숨어 있지만, 인간들은 잘 모르는 것 같다. '다시 한번 더 이 자리에 선다는 엄청난 중요한 사건'은 인간에게 적용되는 가장 중요한 일인 것이다. 출근하여 일한 후 다시 집으로 돌아온 것, 먼 곳을 여행한 후 다시 집으로 돌아온 것, 멋진 곳을 다녀온 후 오랜 시간이 지나 그토록 원했던 장소에 내가 서 있는 것(비록 나의 모습은 풍화작용으로 많이 변했지만), 이 모든 것은 내가 건강하고, 시간이 있고, 돈, 즉 경제적 여유가 있어서인 것이다. 시간이 많은데 돈이 없고, 건강한데 시간이 없고, 돈은 많은데 건강과 시간이 없는 인생은 불행하다고 할 수밖에 없다. 지구에 소풍을 온 인간은 언젠가 한때는 각자의 건강, 시간, 돈이 있는 황금시대를 꼭 맞이하게 되는데, 그 황금시대가 길면 길수록 멋진 인생을 산 인간이 되고 짧은 황금시대를 가진 자는 힘든 인생을 산 인간이 되는 것이다. '모든 인간이 다시 한번 더 지구로 소풍 오는 행운'을 갖게 되길 빌어 본다.

〈로마의 트레비 분수〉

40. 지금까지의 여행 일정

■ 1992년 8월 7일~14일

:부산-후쿠오카-오사카-하코다테-히로시마-센다이-도쿄-히로시마-
후쿠오카-부산

생애 첫 해외여행으로 김영삼 전(前) 대통령의 해외여행 완전 자유화를 바탕으로 안내책 한 권 없이 일본 철도 이용권인 'JR PASS(7일 사용권)'와 일본 비자를 받고 한 여행이다.

일본에서의 첫날밤은 오사카역 광장 나무 밑에서 자고 8월 8일 6시에 출발하여 신칸센을 타고 도쿄와 센다이를 경유하여 홋카이도 하코다테에 18시에 도착했다. 경찰의 도움으로 올나이토 사우나루(찜질방)에서 둘째 밤을 보내고 9일에는 삿포로를 구경하고 서쪽으로 오면서 일본을 횡단했다. 그 당시 장인어른께서 도쿄에서 일하고 계셔서 만나 뵙고 왔다. 특히 장인어른께서 회전 초밥을 사 주셨는데 돌고 있는 스시 접시와 먹고 난 뒤에 접시의 색으로 계산하는 방식이 아주 신기했다. 그리고 스페인 바르셀로나 올림픽에서 황영조 마라톤 선수가 금메달을 수상했다는 이야기를 장인어른에게서 들었다. 히로시마 원폭 지점을 구경하고 오사카에서 한국어 공부를 열심히 하고 계시는 오다 선생을 만나 교류가 시작되었다. 부산과 후쿠오카를 왕복하는 비틀이라는 쾌속정을 탔는데 2시간 55분 정도 소요되었다.

■ 1993년 1월 28일~2월 4일

　: 부산-홍콩-방콕-파타야-방콕-치앙마이-방콕-부산

　김운용 선생님과 함께 겨울 방학을 이용하여 비행기로 홍콩을 먼저 여행했다. 그곳에서 삼성물산 홍콩 지사장으로 있는 고등학교 동창이자 3학년 때 같은 반에서 공부한 친구 김성욱을 만나 여행에 도움을 받았다. 홍콩이라는 좁은 땅에서 인간들이 살아가는 지혜를 알게 되었다. 다시 홍콩 도심에 있는 비행장에서 태국의 수도 방콕으로 날아가 파타야 해변, 북부 치앙마이를 왕복 열차로 여행하고 방콕에서 부산으로 귀국했다. 태국의 잘사는 모습이 인상 깊었다.

■ 1994년 1월 13일~17일

　: 부산-후쿠오카-구마모토-가고시마-후쿠오카-부산

　일본 규슈 남쪽을 여행했다. 미야자키의 오션 돔은 천장이 열리고 닫히는 구조로 한겨울에도 실내에서 수영을 즐길 수 있는 곳이었다. 특히 전자칩이 내장된 팔목 입장권, 모래사장의 인공 파도, 시간에 맞추어 폭발하는 화산, 실내 공연은 일본인의 기술력을 자랑하는 볼거리였다. 가고시마에서 일일 투어를 이용하여 가장 남쪽의 장소를 방문하고 사쿠라지마의 화산 연기를 본 것이 기억에 남는다.

■ 1994년 8월 7일~27일

　: 부산-상하이-시안-란저우-리우엔-둔황-투루판-우루무치-상하이-부산

　드디어 준비하고 준비하여 꿈에 그리던 실크로드 여행을 했다. 중국어는 한마디도 할 수 없었지만 급하면 한국말을 해도 통하는 경우도 많았

다. 중국인들 사이에도 말이 통하지 않아 손짓으로 의사소통하는 경우가 많았다. 발달하고 있는 상하이에는 푸강의 와이탄 공원과 난징루가 중심가로 있었다. 그리고 요우옌은 중국 정원의 진수였다. 와이탄 건너편의 동방밍주는 아직 건설되지 않은 넓은 푸둥 땅이었다. 옥불사의 옥 부처님은 정말 아름다웠다. 시안의 역은 남루한 중국 사람들로 흘러넘쳐 마치 피난 열차를 타는 것과 똑같았다. 시안에 도착하여 종루, 대안탑, 소안탑, 병마용, 화칭츠 등을 보았다. 2300년 전의 진시황제는 아직도 중국을 통치하고 있다는 느낌을 받았다. 특히 시안의 도시 구조는 바둑판같이 바르고 넓었는데 길에서는 다양한 인종의 얼굴들을 만날 수 있었다. 양꼬치구이는 맥주와 먹고 또 먹어도 맛있었다. 종루에 올라 서쪽을 바라보며 그동안 많은 사람이 보고 생각했던 것을 나도 생각해 보았다. 어디서 와서 어디로 갈 것인가? 광활한 중국, 천 년 전의 중국 모습도 얼마든지 볼 수 있었다. 특히 시안에서 란저우, 리우웬으로 가는 열차는 열차 내부의 모습도 기억에 남지만, 열차가 시골 역에 정차하면 많은 시골 사람이 손과 손에 뜨거운 물, 옥수수, 빵, 닭고기, 소고기, 돼지고기 등 먹거리와 각종 특이한 물건 등을 들고 나타났는데, 심지어 살아 있는 다람쥐까지 들고 와서 사 달라고 모여들었다. 란저우에서 리우엔까지는 열차로 이동했는데 이 열차는 실크로드의 진면목인 하서회랑을 달리는 구간이었다. 곤륜산과 톈산산맥을 사이로 열차가 달리는데 북쪽으로는 만리장성이 보이고 봉화대도 가끔 나타나는 멋진 사막 경치를 황홀하게 보면서 여행했다. 란저우에서 백탑사를 구경하고 황허강 강가에 내려가 수많은 조약돌과 빠른 속도로 내려가는 강물을 바라보며 시간을 보내기도 했다. 리우엔에서 둔황까지는 미니버스로 직선의 사막 길을 달려가는데 오래된 차가 갑자기 고장이 나 사막 길 가운데 멈추었다. 덕분에 사막의 모래 가운데서 흰 모래를 볼 수 있었는데 그것이 소금인 것을 알게 되었다. 지나가는 차의 도움으로 다시 차는 달려 둔황에 도착했다. 둔황 막고굴의 부처님들에게서 인생의 성공을 알게 되었고, 밍사산의 월아천은 오아시스의 진면목을 보여 주었다. 백마탑과 둔황고성은 요즘 만들어진 것이어서 재미가 반감되었다. 해발 아래의 도시 투루판은 사막의 오아시스인데 분지인 탓에 가마솥 안 같은 더위를 경험하게 했다. 특히 사막의 야외 화장실은 증발로 인하여 먼지만 날리고 있었다. 고창고성, 교하고성, 서유기의 화염산, 베제크리크 석굴의 벽화는 실크로드의 다양성을 보여 주었다. 우루무치에서는 내 인생에서 가장 긴박한 순간에 천사를 만나 무사히 집으로 돌아올 수 있었다. 우루무치에서는 머리에 모자를 쓰고 흰 통옷을 입은 엄청난 덩치의 파키스탄 국경 무역상들과 양쪽 가슴을 부딪치는 인사를 나눈 것이 기억에 남는다.

■ 1995년 1월 18일~24일
 : 부산-후쿠오카-구마모토-가고시마-후쿠오카-부산

엄진섭, 추풍민 씨와 일본 규슈 중앙 부분을 여행했다. 깔끔한 도시와 발달된 철도와 도로는 부러움의 대상이었다. 구마모토성의 아름다움 속에서 납치된 조선인 선조들의 아우성을 느끼고 아소산 화산의 분화구까지 올라가 연기가 나는 곳을 보며 황산 냄새를 경험했다. 벳푸의 지옥 순례와 온천 연기가 기억에 남았다. 그리고 "유아 신칸센!"이라는 말도 기억에 남는다.

■ 1995년 8월 10일~26일
 : 부산-호찌민시-미토-달랏-나짱-훼-하노이-랑선-핑샹-난닝-구이린-상하이-부산

경상남도교육청 주최 수업 연구대회 후 결과에 대한 아픈 가슴을 안고

출발한 여행이다. 호찌민시(구 사이공)의 박물관, 전쟁 박물관, 꾸찌 터널, 타이닌교를 둘러보고 메콩강 가장 하류의 도시 미토에 가서 삼각주에 있는 몇 곳의 섬을 둘러보았다. 코코넛으로 만드는 캔디 공장에도 가 보았다. 시원한 산간 도시 달랏을 경유하여 나짱으로 가서 베트남에 파병되었던 비둘기부대 터에도 가 보고 바다에서 수영과 바다제비 집을 채취하는 모습도 보았다. 아름다운 해안선을 따라 북쪽으로 올라가며 과거 월맹과 국경을 접하며 싸우던 곳의 벙커도 보았다. 그 아래 길게 이어진 해안 모래를 밟고 걷다가 뜨거워 화상을 입기도 했다. 우리나라 경주 같은 도시인 훼는 과거 리 왕조의 궁궐이 남아있는 역사 도시다. 훼에서 하노이까지는 야간 버스로 이동하는데 비포장도로로 고생하고 람강을 건널 때는 다리가 없어 한밤중에 버스를 배에 실어 건너기도 했다. 하노이의 수상 인형극, 호찌민 묘소, 호안끼엠 호수, 일주 사원 등이 기억난다. 그리고 한밤에 차로 랑선에 도착하고 다음 날에는 베트남, 중국 국경을 넘어 중국 핑샹에 도착하여 난닝까지 열차를 이용했다. 그 당시 한국인들이 가장 많이 여행하는 구이린에 도착하여 구경하고 지금까지도 만나고 있는 중국 친구 방 쥔을 만났다. 구이린에서 열차를 타고 상하이에 도착하여 부산으로 귀국했다.

■ 1996년 8월 4일~17일
 : 부산-옌타이-다롄-단둥-이도백화-백두산-선양-베이징-부산

이번 여행은 백두산을 목표로 출발했다. 부산과 중국 옌타이를 왕복하는 카페리호가 있어 부산에서 중국 옌타이로 갔다. 배 안의 승객 중에는 그 당시 막 시작하는 조선족 아가씨와 한국 총각 간의 결혼을 중매하는 김 사장과 어떤 총각이 타고 있었다.

○ 1996년 8월 4일

옌타이에 도착하자 김 사장의 도움으로 밤 21시에 다롄으로 출항하는 배를 타고 다롄에 도착하니 8월 5일 아침 07시경이었다. 김 사장은 떠나고 시외버스 터미널에 가서 단둥행 버스를 타려고 하니 09시에 막차라 오늘은 버스가 없다고 했다.

○ 1996년 8월 6일

07시 20분에 출발하는 단둥행 버스를 타니 온종일 달려 단둥에 15시에 도착한다. 초대소에 방을 구하고 바로 나와 시내 구경을 하고 압록강 강가로 가서 끊어진 압록강 철교를 구경했다. 그리고 단둥과 북한의 차이를 실감하고 압록강 유람선 여행 후 비통한 눈물을 흘렸다.

○ 1996년 8월 7일

단둥에서 통화까지 가는 버스를 타니 한국말을 하는 사람들이 있어 인사를 하니 6년 전에 중국으로 와서 목재 사업을 하는 윤재석 사장과 남선모방 신도영 과장이었다. 윤 사장의 도움으로 백두산 여행은 더욱더 쉽게 하게 되었다. 17시에 통화에 도착하고, 통화에서 백두산 바로 아랫마을인 백화까지 가는 21시 30분발 열차 승차권을 암표상을 통해 구입하여 출발했다.

○ 1996년 8월 8일

아침 06시에 백화역에 도착하여 조금 기다려 현지인의 버스를 타고 백두산 정문에 도착했다. 외국인은 입장권이 150위안, 중국인은 15위안인데 윤 사장의 유창한 중국어로 15위안에 입장했다. 다시 버스를 타고 숲속으로 난 길을 따라 백두산으로 가는데 차가 멈췄다. 도로를 보수 공사하는 사람들이 차를 못 지나가게 한 것이었다. 마침내 약간의 통행비가 주어지고 다시 버스는 출발하여 장백폭포 밑 주차장에 도착했다. 어제 온종일 내린 비로 장백폭포의 물은 엄청난 소리를 내고 있었다. 장백폭포를 구경하고 다시 백두산 천지의 달문으로 가는 절벽 길 입구에 도착하니 그곳에서는 헬멧을 대여해 주고 있었는데 여기에서는 한국인인 것이 발각되어 50위안을 주고 헬멧을 빌려 쓰고 절벽 길을 걸어 올라가 비로소 오전 10시경에 천지 물에 손을 담글 수 있었다. 정말 좋은 날씨로 천지의 모든 모습을 확실하게 구경하는 영광을 누렸다. 아쉬운 백두산 천지를 뒤에 두고 11시에 하산했다. 14시에 다시 백화로 돌아와 20시 25분에 출발하는 통화행 열차를 탔다.

○ 1996년 8월 9일

아침 06시에 통화에 도착했다. 윤 사장과는 이별을 하고 나는 광개토경평안호태왕비를 구경하기 위해 집안으로 가는 07시 20분 열차를 탔다. 11시 45분에 집안에 도착하고 걸어서 광개토경평안호태왕비에 도착하여 전각에 개방된 광개토경평안호태왕비를 직접 만지고 글씨를 보는 영광을 누렸다. 정말 일본인이 역사 왜곡을 위해 파인 부분에 횟가루를 바른 흔적을 확인했다(지금은 중국의 동북공정 이후로 통유리로 엄격하게 관리하고 있다고 한다). 12시 35분발 열차로 다시 통화로 돌아오니 16시 35분이었다. 통화역 옆 암표 전문 초대소에 가서 베이징행 승차권을 물으니 "메이요우(없어요)!"라는 대답을 들었다. 이 말은 내가 중국말 중에서 가장 먼저 알게 된 말이다. 다음은 "티무동(모른다)!"이다. 내가 중국어를 모르니 중국인들도 모른다고 한 것이다. 이 당시 한국 사람들은 중국인들이 일단 없다고 하면 돈을 몇 배로 주면서 내놓으라고 하니 중국인들은 한국 사람들에게 무조건 없다고 해야 했다. 그 당시 심지어 팁이라고 주면서 중국 사람들에게 그들의 한 달 월급인 100~200위안을 그냥 주기도 했다. 모든 것을 포기하고 하룻밤을 초대소 의자에서 보낼 생각으로 세면장에 가서 손발을 씻고 시간을 보내고 있는데 갑자기 암표 파는 여자가 열차 승차권을 불쑥 내밀었다. 선양까지 가는 승차권이었다. 심드렁한 표정으로 승차권을 받으니 승차권에 적힌 돈을 달라고 했다.

○ 1996년 8월 10일
  07시 10분에 선양에 도착했다. 병자호란의 흔적인 서탑의 조선족 거리를 구경하였다.

○ 1996년 8월 11일
  선양의 고궁과 시내를 구경했다. 청나라 시조인 누르하치의 유물들이 잘 전시되어 있었다. 저녁 21시 38분발 베이징행 열차에 탑승했다.

○ 1996년 8월 12일
  아침 07시 10분에 드디어 중국의 수도 베이징에 도착했다. 아직 숙소를 정하지 않고 베이징대학교로 구경을 하러 갔다. 대학 정문에서 출입 허가서를 받아야 했다. 그곳에서 베이징대학교에 재학 중인 양조행 군을 만나 이야기를 나누고 난 후 내가 싸게 잠을 잘 수 있는 숙소를 찾고 있다고 하니 앞장서서 대학 앞 피자헛 가게 옆의 지하 방을 엄청나게 싸게 자기 이름으로 구해 주었다. 대단한 친절이다.

○ 1996년 8월 13일
  이화원, 자죽 공원, 천단, 경극 관람을 했다.

○ 1996년 8월 14일
  일일 투어 신청을 하여 13능, 만리장성을 둘러보았다.

○ 1996년 8월 15일

천안문, 고궁 박물관, 향산 공원을 둘러보았다.

○ 1996년 8월 16일

옹화궁을 구경하고 동인당에 가서 부모님께 드릴 약을 구입했다.

○ 1996년 8월 17일

베이징 국제공항에서 비행기로 부산으로 돌아왔다.

■ 1997년 1월 18일~2월 1일

: 부산-상하이-충칭-장강-웨양-난징-쑤저우-항저우-상하이-부산

김운용 선생님과 함께 양쯔강, 즉 장강 탐험 여행을 했다. 아직도 중국은 개발 중이었다. 특히 이창에 건설하고 있는 갈주파댐이 완성되면 엄청난 지역이 물속에 잠겨 더 이상 자연의 모습을 볼 수 없었기 때문에 더욱 여행을 유혹했다.

○ 1997년 1월 18일

오후에 상하이에 도착해 와이탄 동쪽의 유명한 호텔인 푸지앙판티엔에 숙소를 정했다. 옛날 찰리 채플린이 묵었다는 전설이 있는 전형적인 영국식 호텔이다. 와이탄은 지난번과 다름이 없지만 푸강 건너편 푸둥에는 엄청난 건물들이 건축되고 있고, 유명한 동방명주가 문어 다리 부분을 완성하고 위로 더 올라가는 공사를 하고 있다. 허리 부분까지는 갈 수 있지만, 입장료 관계로 포기하고 구경만 하고 돌아왔다. 그리고 남경루를 둘러보고 예원에 가서 중국 전통 정원과 집을 구경했다.

○ 1997년 1월 19일

  아침에 옥불사를 구경하고 나오는데 충칭으로 가는 열차 시간이 30분 밖에 남지 않았다. 버스도, 택시도 복잡한 도로 사정상 도저히 제시간에 역에 도착할 수가 없다. 그러나 궁하면 통하는 법, 오토바이 택시에게 이야기하니 타라고 한다. 10분 만에 상하이역에 도착하여 무사히 충칭으로 가는 열차에 오를 수 있었다. 아직도 상하이역은 전쟁 피난민 수용소 같았다. 정말 남루한 옷, 마대와 포대에 넣은 산더미 같은 짐, 엄청난 먹을 것을 넣은 봉지들, 손에는 차 병을 든 사람, 열차를 기다리기 위해 역 주변의 벽과 마당에 앉은 사람, 누운 사람, 엄마에게 기댄 전쟁고아 같은 아이들, 주변의 쓰레기, 가래침, 담배꽁초, 냄새 등. 그러나 열차를 타기 위해 줄을 서서 입장하면 정말 물 흐르듯이 사람들이 개찰구를 빠져나갔다. 그다음은 달리기를 해야 한다. 열차에 빨리 오르기 위해 창문을 넘어서 탑승하는 중국인도 있다. 그리고 열차 안은 정말 복잡하고 더럽고 정신없다. 그러나 나는 그 모든 것들을 즐겼다. 얼마나 열심히 살아가는 모습인가. 아무도 불평불만을 말하지 않았다. 열차가 서면 왜 서는가는 따지지 않았다. 담배와 가래와 쓰레기로 덮인 열차 안이지만 모두 즐겁게 여행을 즐기는 것 같았다. 다들 저마다 카드놀이도 하고 술도 마셨다. 원래 엄청난 톤의 중국말 대화는 봄 논의 개구리울음과는 비교가 안 되었다. 열차는 달리고 달려 이틀만인 22일 아침 10시경에 충칭에 도착했다. 가릉강과 장강이 만나는 조천문 부두 근처인 충칭 호텔에 숙소를 정했다. 그리고 시내 구경을 나서 사천 충칭 자연 박물관(공룡 화석이 유명하다), 비파산 공원을 둘러보고 장강 유람의 출발점인 조천문 장강 유람 매표소에서 23일 저녁 20시에 출발하는 선승권을 샀다. 이 배는 유람선이 아니고 중국인들이 사는 장강 강가의 도시를 다니는 완행버스와 같은 배편이었다. 즉, 배능, 풍도, 충현, 서타, 만현, 운양, 봉제, 무산, 파동, 이창, 지성, 사시, 성릉기, 웨양까지 가는 배였다.

보통 외국인들은 충칭에서 이창까지 장강 유람선을 타고 하류로 내려가면서 구경을 하고는 이창에서 다른 곳으로 이동한다. 그러나 나는 웨양에 있는 중국 친구 방 쮠을 만나야 했다. 연락하지도 않았지만 무조건 찾아가기로 했다.

○ 1997년 1월 23일

배를 타기 전에 호텔에서 나와 배 타는 곳인 조천문 부두에서 중국인들을 보며 시간을 보냈다. 겨울철이라 장강과 가룽강의 수위가 거의 매우 낮아 강에서 최소한 100m 이상을 올라와야 차가 다니는 길에 도달할 수 있었다. 그것도 아주 가파른 경사면을 올라야 했는데 배를 타기 위해서는 경사로에 철도를 설치하고 그 위를 이동하는 케이블카를 이용해야 했다. 많은 유람선이 관광객들을 태우고 출발하고 있었다. 나는 내려가는 계단을 이용하여 자갈과 모래가 있는 곳까지 내려가 장강에 손을 담가보기도 하면서 시간을 보냈다. 기억에 남는 일은 강으로 내려가기 전에 한 걸인을 본 일이었다. 그는 길바닥에 엎드려 구걸하고 있었는데 구경을 마치고 올라오니 구급차에 그 사람을 싣고 있었다. 그 사이에 저세상으로 가신 것이었다. '결국 죽어서야 좋은 차를 타고 가시는구나'라고 생각하면서 명복을 빌어 드렸다. 중국 여행 중에 많은 죽음을 목도했는데 죽은 뒤에야 사람대접을 받는 경우가 많았다. 그리고 조천문 부두에는 많은 중국인이 대나무 막대를 들고 막대 끝에 밧줄을 감고 있었는데 이들은 승객의 짐을 운반하는 짐꾼들이었다. 아무리 무거운 짐도 밧줄을 기술적으로 묶어 양어깨에 지고 균형을 잡아 날라다 주고 돈을 받는 직업이다. 짐을 나르는 것을 직접 보면 완전 곡예사 수준이다. 드디어 날이 어두워지고 20시가 되어 배에 올랐다. 겨울이고 시간도 늦어 타는 사람이 거의 없다. 한 중국 아가씨와 함께 가게 되었는데 말은 통하지 않고 선물로 내가 입던 후드티를 주니 수줍게 받는다. 드디어 어둠 속으로 배가 출항하고 야경이 비치는 강물을 따라 배가 내려간다. 4등 침대에서 잠들려고 하니 배가 멈춘다. 그리고 승무원 아가씨가 손짓과 고함으로 중국말을 아주 신경질적으로 날린다. 영문을 모르고 가만히 있으니 이 배는 여기가 종점이고 내일 아침에 출발하는 다른 배로 옮겨 타라는 것이었다. 그곳은 봉두라는 곳으로 강폭이 넓고 많은 배가 정박해 있었다. 장강은 수량이 많고 강폭이 넓은 곳은 배가 두 척 이상 지나칠 수 있지만, 반대로 좁은 곳도 있고 물살도 세기 때문에 밤에는 운행을 중단하고 배와 배를 붙이고 연결하여 날이 새도록 기다려 다시 운항하게 되어 있었다. 강물이 흐르는 소리와 함께 잠들었다. 아침이 되자 다시 배는 출발했다. 우리가 탄 배는 5층 정도의 높이로 많은 중국 주민들이 타고 내리며 장강 강가의 도시를 이동하는 배였다. 배는 장강을 따라 흘러내려 가며 양쪽으로 많은 산과 들을 지나는데, 엄청난 비탈 경사면에는 정말 신기하게도 채소를 심을 수 있는 공간만 있으면 채소가 자라고 있었다. 거의 수직에 가까운 경사면에도 인간의 손길로 심어진 채소가 자라고 있었다. 수확을 어떻게 하는가 보고 싶었다. 그리고 많은 중국인이 대나무로 만든 등지게를 많이 매고 다녔는데 아마 그곳에 물건을 담아 절벽을 오르내리는 것 같다는 생각이 들었다. 생각만 해도 아찔한 농사였다. 그리고 심하게 강이 굽어지는 곳과 일정한 위치의 언덕 위에는 신호 장치가 있었다. 그 신호 장치는 마치 지금의 아파트 입구에 있는 오르고 내리는 막대같이 색을 칠한 막대가 높이 들려 있었다. 만약 강에서 운행 중인 선박에서 사고가 발생하면 장강의 일정한 구역에 위치한 신호 장치가 작동하여 막대가 내려오고, 그렇게 되면 이동하고 있는 배가 더 이상 상류로 올라올 수도 없고 하류로 내려와서도 안 되는 신호 장치인 것이다. 또 강폭이 넓은 곳과 좁은 곳을 지나기도 했는데 겨울이라 수량이 적어 좁을 곳을 지날 때는 급한 물살로 고도의 항해 기술이 필요하겠다고 생각했다. 그리고 더욱 충격적인 사실은 장강댐이 완성되면 이 모든 것들이 150m 이상

수몰된다고 하니 지금 장강의 모습을 눈에 가득 넣어 기억해 두어야 하는 것이다. 더 안타까운 사실은 댐이 완성되어 수몰되기 시작하면 많은 도시도 물에 잠기고 그 도시에 있는 수천 년 된 역사적인 유물과 강 양쪽에 있는 많은 역사 유물도 함께 수몰된다는 것이다. 중요한 유물이 있는 풍도귀성, 석보채, 백제성이 있는 도시에 배가 정박하면 승객들이 내려 관광을 하고 돌아오는 시간까지 배가 기다렸다가 손님이 돌아오면 배가 출발하는 구조라 많은 사람이 내려서 충분하게 시간을 즐기며 여행이 가능했다. 그리고 배 승객 중에는 가이드가 승선하고 있어 손님에게 접근하여 유적지 입장권과 기타 돈이 되는 것이면 모든 일을 돕고 있었다. 좌우지간 중국인들의 상술이란 대단한 것이었다. 배가 출발한 뒤 장강을 따라 흘러 충현, 서타, 만현, 운양, 봉제 등 부두에 배를 정박할 때마다 정말 재미있는 것을 많이 보게 되는데, 배가 정박할 때는 강을 크게 좌회전을 하여 뱃머리가 상류 쪽으로 향하게 하여 물살을 거슬러 천천히 부두에 정박하는 것이었다. 그리고 물살은 생각보다 엄청 빨랐다. 그리고 배가 정박하면 도시들은 최소 500m 정도의 경사를 올라가야 볼 수 있었다. 그래서 많은 운반 도구가 동원되었는데 트럭은 보이지 않고 마차의 짐칸 아래에 엄청나게 큰 통나무를 브레이크 삼아 사람이 뒤에서 밀고 운반했다. 더 재미있는 것은 배가 정박하는 부두에는 많은 잡상인이 있는데 모두 잠자리채를 길게 하여 들고 배 위에서 손님이 주문하고 돈을 채에 넣어 주면 거스름돈과 물건을 위로 전달하는 방식을 사용하는 것이었다. 잠자리채가 보통 5개가 넘었다. 이렇게 승객과 화물을 내리고 싣고 하면서 장강을 오르락내리락하는 것이 장강의 여객선인 것이다. 그리고 우리 배와 함께 많은 호화궁궐 같은 유람선이 오르락내리락하고 또 엄청난 속도의 쾌속정도 자주 운행하고 있었다. 급하게 구경해야 하는 사람은 쾌속정을 타고 짧은 시간에 장강을 유람하고, 돈이 많은 사람은 호화 유람선을 타고 여행하는 것이었다. 해가 질 무렵에는 무산에 도착했다. 밤에는 운행을 못 하기 때문에 배를 부두에 정박시키고 오늘의 운행을 마감했다.

○ 1997년 1월 24일

소삼협을 구경하기 위해 배에서 내려 한참을 걸어 시내에 도착하여 버스를 타고 높이 있는 다리를 건너 이동하여 소삼협 관광 출발점에 도착하였다. 그곳에서 다시 작은 배를 타고 협곡으로 들어간다. 협곡의 폭은 20m가 채 되지 않아 두 손을 뻗으면 닿을 것 같다. 양쪽에는 깎아지른 듯한 절벽이 높이를 모르게 하늘로 치솟아 있다. 여기는 일단 물이 많아 빠르게 상류로 올라간다. 올라가는 도중에 계곡 벽면을 보니 원숭이 가족이 먼저 반긴다. 선장은 천천히 배를 몰아 관광객들이 사진도 찍고 구경을 충분히 하도록 해 준다. 가이드 아가씨는 숨도 쉬지 않고 계속 중국말로 안내를 한다. 한마디도 알아들을 수 없는 말이다. 오랜 여행의 경험으로 아름다운 경치에 대한 찬사와 여러 가지 식물, 동물들 이야기, 그리고 역사적인 전설 등을 쉬지 않고 손에 쥔 조그만 마이크로 이야기하는 것이라고 추측했다. 한 시간 정도를 가니 좀 넓은 곳이 나오고 마을이 있다. 그곳은 물살이 세고 수심이 낮아 배의 바닥이 닿아 자갈과 부딪히는 소리가 난다. 천천히 이동하니 동네 아이들이 몰려나와 손을 벌린다. 아니, 잠자리채를 내민다. 몇몇 사람이 과자나 과일을 넣어 주니 좋아하면서 나누어 먹는다. 옛날에 물이 적게 흐르는 구간에는 옷을 입지 않은 마을 사람들이 밧줄에 배를 묶어 끌어 상류로 이동하는 직업이 있었다는데, 손가락이 뒤틀리고 발에 피가 나도 힘을 모아 배를 물이 많은 상류로 이동시키고 돈을 벌었다고 한다. 한 시간 반을 더 들어가니 배 두 대가 겨우 지나가는 협곡으로 들어가서야 잠시 배가 잠시 정박한다. 그곳에는 선물 가게와 간단한 음식을 파는 곳도 있고 전통 복장을 한 원주민이 나와 노래도 부른다. 다시 왔던 길을 되돌아와 여객선으로 돌아왔다. 이제부터 이창까지가 장강 여행의 백미인 것이다. 무산을 지나면 역시 경치가 엄청나게 뛰어나 중국 10위안 지폐에 인쇄된 구당협, 무협, 서릉협을 지난다. 웅장한 구당협, 수려한 무협, 기이한 서릉협은 정말 절경이다. 그리고 그 절벽에는 그 유명한 잔도가 있다. 여기의 잔도는 절벽에 길을 낸 것인데 사람과 말이 다닐 수 있도록 돌을 깎아 디귿자 형태로 길을 만든 것이 양쪽에 있다. 정말 놀라운 인간의 기술과 지혜인 것이다. 그러나 댐이 완성되면 수몰된다니 잘 보고 기억해야 한다. 드디어 이창에 도착하기 전 갈주파 장강댐을 공사하는 곳에 도착한다. 이곳은 수위의 높낮이로 인해 독(dock)의 수문을 통과해야 한다. 댐으로 강의 수위가 달라 독을 만들어 낮은 곳의 배를 수위가 높은 곳으로, 높은 곳의 배를 낮은 곳으로 이동시키는 방법이다. 한참을 기다려 우리 배가 독 안에 들어가 고정이 되고 나머지 3대가 더 고정되자 수조의 물을 뺀다. 배가 천천히 아래로, 아래로 내려간다. 마치 엘리베이터를 타고 내려가는 느낌이다. 그리고 반대편 수문이 열리고 배가 출발한다. 드디어 15시경에 이창에 도착했다. 대부분의 승객이 내리고 다시 배는 출발하여 내가 내릴 목적지인 웨양으로 내려간다. 이창을 지나자 장강의 폭은 엄청 넓어 마치 황톳빛 호수를 지나는 것 같았다. 그곳을 다니는 배들은 상상이 안 되는 형태로 다니고 있었다. 다름이 아니라 네모난 큰 산이 움직이고 있었는데 자세히 보니 볏짚을 어디론가 이동하는 것이었다. 기관실도 보이지 않고 강물을 거슬러 올라가고 있었다. 또 어떤 배는 조그마한 견인선 한 대가 짐을 가득 실은 바지선 10대 이상을 천천히 끌고 가고, 적벽대전의 연환계에 넘어간 배처럼 2대 이상을 꽁꽁 묶어 마치 한 배가 움직이는 것 같은 배들도 있었다. 그리고 엄청난 큰 바지선에 30대 이상을 족히 되는 화물차를 싣고 운행하고 있었는데 그 화물차에는 짐이 가득 실려 있었다. 육상 교통이 불편하니 일단 짐을 실은 화물차를 배로 상류까지 운반하는 것이었다. 강이 아니라 마치 고속도로같이 엄청난 수의 배들이 천천히 질서 있고 안전하게 운행하고 있었다. 드디어 웨양에 도착했다. 웨양은 둥딩호의 중요한 교통 요지로 역사적으로도 유명한 도시다. 특히 둥딩호를 바라보는 웨양루는 경치가 아름답기로 유명하여 많은 시인이 올라 시를 적어 두었다. 그중에서도 나의 학창시절에 배운 두보의 〈등웨양루〉가 가장 유명하다. 일단 호텔에 숙소를 정하고 구이린 여행에서 만나 친구가 된 방 쯴을 만나기 위해 적어온 주소를 가지고 찾아가니 외출을 하고 집에 없었다. 간단한 메모를 적어 귀가하면 호텔로 찾아오라고 했다. 저녁때가 되자 방 쯴이 호텔에 찾아왔다. 반가운 인사를 하고 방 쯴의 안내로 동네 음식점에 가서 함께 중국 요리와 맥주를 먹고 마시며 그동안의 이야기를 나누었다. 그는 웨양 사범대를 졸업하면 중학교 영어 선생님이 될 것이고 여자 친구 아만다와 결혼을 앞두고 있다고 했다. 나는 모든 일을 축하하며 특히 결혼식에 참석할 수 없기 때문에 미리 한국식 인사인 결혼 축의금으로 200달러를 주었다(그 당시로 200달러면 중국에서는 엄청 큰돈이었다).

○ 1997년 1월 25일
  웨양루와 시내를 구경하고 우한으로 가는 열차를 탔다.

○ 1997년 1월 26~28일
  우한에 도착하여 바로 난징으로 가는 열차를 타고 28일에는 난징에 도착했다. 난징의 난징 명고궁 유적지 공원, 난징시 현무호수공원, 난징대학살의 난징 박물관, 창랑정, 북탑 공원과 중산릉을 구경했다.

○ 1997년 1월 29일
  밤 열차를 타고 쑤저우로 출발했다.

○ 1997년 1월 30일
  중국 정원의 진수인 졸정원, 사자림을 구경했다. 그리고 여행가의 로망인 운하를 이용하여 쑤저우에서 항저우까지 밤 배를 이용하여 30일 아침에 항저우에 도착했다. 아쉽게도 운하 주변의 경치는 겨울의 짧은 해로 인해 어둠 속을 항해하여 운하 주변의 경치를 구경하지 못했고, 추운 날씨 때문에 침대칸에서 새우가 되어 불편한 잠을 잤다. 새벽 6시경에 항저우에 도착하여 간단하게 아침을 먹고 서호와 악비묘, 시내를 구경하고 1월 31일. 15시 17분에 출발하는 열차로 상하이로 향했다. 역시 푸둥 호텔에 도착하여 휴식을 취한 후 2월 1일에 부산으로 향했다.

■ 1997년 8월 1일~12일
　: 마산-서울-호찌민시-달랏-나짱-훼-하노이-서울

　고등학교 친구 약사 김지현과 함께 1995년 8월에 혼자 여행한 경로로 다녀왔다.

　조금 변한 느낌은 있지만, 아직은 2년 전과 비교하여 큰 변화를 느낄 수는 없었다.

　지금도 기억에 남는 것은 훼에서 하노이까지의 밤 버스다. 25인승 버스의 뒷자리에 앉아서 가면서 10시간을 핏칭(pitching)과 롤링(rolling)으로 인해 도저히 잠을 잘 수가 없었다. 그동안의 여행 피로로 잠을 자야 하는데 국도 1호선이 비포장도로라 흔들림이 계속되어 잠을 못 잔 기억이 아직도 남아 있다.

■ 1999년 8월 15일~23일
　: 부산-방콕-페낭-쿠알라룸푸르-싱가포르-부산

　부산에서 비행기로 방콕에 도착하여 역시 카오산 로드에 숙소를 정하고 휴식을 취했다. 이번 여행은 남쪽으로 내려가 싱가포르에서 돌아오는 코스로 잡았다.

다음날 페낭으로 버스를 타고 가서 해변에서 파라슈트(낙하산)를 탔다. 파라슈트를 안전하게 타도록 돕는 직원들은 이미 많은 한국 사람이 와서 파라슈트를 이용했기 때문에 "놓아!"와 "당겨!"라는 단어를 사용할 줄 알았다. '놓아!'는 이륙 시, '당겨!'는 착륙 시에 파라슈트의 줄을 사용하는 법이다. 다음은 말레이시아 수도인 쿠알라룸푸르에 갔다. 역시 배낭여행 객들이 잠자는 곳에서 잠을 자고 그 당시 전 세계의 이목을 받고 있던 고층 건물인 페트로나스 트윈타워를 구경했다. 정말 대단한 건물을 우리나라 기술로 지었다니 자랑스러웠다. 다음은 말레이시아에서 다리를 건너면 만나는 싱가포르에 갔다. 대단한 건물과 깨끗한 도시는 인상 깊었다. 케이블카를 타고 센토사섬으로 갔다. 멋진 공원 시설이 있었고 아시아 대륙의 가장 남쪽인 센토사섬과 연결된 작은 섬이 아시아의 가장 남쪽이라는 표시가 있었는데 지금도 생각난다. 싱가포르의 창이 공항은 정말 대단했다. 크고 모든 시설이 잘 구비되어 있었다. '우리나라에는 왜 이러한 공항이 없을까?' 하고 몹시 부러웠다.

■ 2000년 12월 22일~2001년 1월 6일
　: 부산-상하이-충징-장강 유람-우한-구이린-상하이-부산

학교 선생님들과의 중국 여행이었다. 이삼섭, 이종원, 전종택, 이현철 선생님과 상하이에 입국하여 중국 사업가 남연화 씨를 처음 만나 많은 대접을 받았다.

1997년 1월 여행과 같은 코스였는데 웨양에서 친구 방 쥔을 만나 대접을 잘 받았다. 웨양에서 구이린을 경유하여 산수를 구경하고 상하이에서 돌아왔다. 아직 장강댐이 완성되지 않아 자연의 경치를 구경할 수 있었다.

나에게는 아주 특별한 기억이 남은 여행인데 전 세계가 한참 밀레니엄(20세기에서 21세기로 넘어가는 첫해로 컴퓨터가 어떻게 인식할 것인가에 대한 염려의 뉴스가 연일 나오는 시대였다)인 관계로 떠들썩할 때 나는 여행을 떠났다. 더 중요한 것은 큰아들이 고등학교 3학년이었는데 1차 시험에서 떨어져 가정이 초비상사태였다. 하지만 나는 동료 선생들과 여행 준비를 두 달 전부터 해 두었고 내가 가이드 역할을 해야 하기 때문에 꼭 가야만 했다. 나는 여행 중에 오히려 집으로 돌아오기 싫었다.

여행을 마치고 조용히 집까지 와서 아파트 문을 열고 들어서니 아내의 친구 부부들이 환영을 해 준다. 어리둥절한 그들은 내게 큰아들이 해군사관학교에 합격하여서 축하해 주기 위해 와있다는 것이었다. 여행 피로가 사라지고 나의 걱정 여행이 기념 여행으로 바뀌는 순간이었다. 큰아들은 지금 소령으로 진급하여 나라를 지키고 있다.

■ 2002년 1월 18일~28일
　: 부산-상하이-쿤밍-진지앙-하이커우-산야-상하이

중국 윈난성 쿤밍을 둘러보고 하이난다오를 보기 위해서 따뜻한 남쪽으로 간 여행이었다. 상하이까지 비행기로 가서 기차를 타고 쿤밍으로 갔다. 쿤밍 시내를 구경하고 일일 투어를 신청하여 스린을 둘러보았다. 쿤밍에서 잔지앙까지 침대 버스를 타고 가서 연락선으로 하이난다오 하이커우로 건너갔다. 하이커우에서 산야로 이동하여 하룻밤을 자고 다시 하이커우로 나와 배를 타고 잔지앙으로 돌아왔다. 잔지앙에서 상하이까지 기차를 타고 와 비행기로 돌아왔다.

쿤밍의 스린은 정말 신기한 지역으로 스린 자체도 신비하지만 스린 속에 작은 연못도 있고 미로처럼 난 길을 따라서 걷고 기묘한 바위 끝 정자에 올라서서 보는 경치도 좋았다.

■ 2003년 2월 22일~3월 1일

: 부산-방콕-시엠레아프-방콕-부산

테니스로 알게 된 박영문 씨와 함께한 캄보디아 여행이다.

○ 2003년 2월 22일

심야 우등 고속버스로 서울로 출발했다. 05시에 서울에 도착하여 해장국으로 아침을 먹고 강남 터미널에서 공항버스를 타고 인천국제공항에 도착하니 07시다. 11시에 이륙하여 홍콩을 경유하여 방콕에 도착하니 17시 30분이 되었다. 카오산 로드에서 하룻밤을 자고 2월 23일 07시에 출발하는 버스를 타고 타이 동쪽 국경 도시인 아렌에 11시에 도착했다. 캄보디아 입국 비자(50달러)를 받아 국경을 통과하여 캄보디아에 입국했다. 다시 시엠레아프로 가는 버스를 타고 시엠레아프에 도착하니 20시다.

○ 2003년 2월 24일

온종일 앙코르와트와 앙코르돔, 바이욘 등을 구경하고 밀림 속으로 사라져 가는 일몰도 구경했다.

○ 2003년 2월 25일

톨레삽 호수의 수상 가옥을 방문했다.

○ 2003년 2월 26일

다시 온 길을 되돌아 방콕으로 돌아왔다.

○ 2003년 2월 27일

방콕 시내를 구경하였다.

○ 2003년 2월 28일

콰이강의 다리와 불교 유적지를 구경하였다.

○ 2003년 3월 1일

방콕에서 부산으로 귀국했다.

■ 2003년 7월 22일~8월 14일

: 부산-칭다오-타이산-지난-정저우-란저우-투루판-카스-투루판-란저우-시
닝-란저우-후허하오터-선양-다롄-옌타이-칭다오-부산

○ 2003년 7월 22일

부산 김해공항에서 비행기를 타고 중국 칭다오 공항에 도착하니 11시
30분이다. 칭다오 한일합섬에서 사장으로 일하고 있는 류봉렬 사촌 동생
가족을 만나 환대를 받았다.

○ 2003년 7월 23일

07시 30분에 타이산으로 출발하여 13시에 도착하여 일단 타이산 입구
의 대묘를 관람했다.

○ 2003년 7월 24일

드디어 많은 황제가 등정한 타이산을 등산했다. 08시 30분에는 타이
산의 가장 아래인 입구에서 입장료로 60위안을 지불하고 오로지 걸어서
올라갔다. 엄청난 계단을 올라 09시 50분에 중천문에 도착했다. 안개 날
씨와 무더위로 등산하기가 엄청 어렵다. 12시에 정상의 천가에 도착해서
바위에 쓰러진 글씨를 둘러보았다. 당마애 글씨까지 구경한 후 14시에 천
가 식당에서 점심을 먹었다. 안개로 하늘 아래가 보이지 않아 아쉬운 마

음으로 다시 계단을 걸어 하산하는데 15시 30분경에 폭우와 천둥, 번개가 치고 잠시 후 날씨가 좋아진다. 안개가 걷히고 16시에 자은정에 올라 타이산의 경치를 구경했다. 17시 45분에는 천외촌에 도착하여 버스를 타고 호텔로 돌아왔다.

○ 2003년 7월 25일

10시 30분에 곡부에 도착하여 공부와 공묘를 구경했다.

○ 2003년 7월 26일

타이산에서 지난으로 왔다. 지난의 유명한 포돌천, 산둥 박물관, 대명호를 둘러보았다. 15시에 출발하는 지난발 정저우행 열차는 불지옥행 열차였다. 다름이 아니라 정원을 몇 배나 초과한 객차 안에는 에어컨이 없어 불덩이 속에서 13시간 이상의 시간을 보낸 것이었다. 객차 안의 남자는 모두 웃옷을 벗고 더위, 담배 냄새, 음식 냄새와 싸우고 모두 녹초가 되었다.

○ 2003년 7월 27일

02시에 정저우에 도착하자 역 앞의 좋은 호텔에 들어가 시원한 에어컨 아래에서 곯아떨어졌다. 11시에 일어나 정신을 차리고 시내를 돌아보았다.

○ 2003년 7월 28일

황하로 가서 천천히 흐르는 황허를 구경했다. 17시에 투루판으로 출발하는 열차에 탑승했다.

○ 2003년 7월 30일

아침 08시 35분에 투루판역에 도착했다. 중국 남서쪽 오아시스 국경 도시인 카스로 가기로 하고 승차권을 예매하니 17시 40분에 출발한다는 것을 알게 되었다. 사막의 오아시스 투루판은 도시가 해발 아래에 위치하기 때문에 열차 길을 만들기가 어렵다. 그래서 역에서 10㎞ 이상 가야 도시가 나온다. 도시 구경을 포기하고 대합실에서 기다려 카스로 가기로 하고 가지고 온 박한제 교수의 책을 읽으면서 기다리니 많은 중국인이 신기하게 보고 지나간다. 17시 40분에 출발한 열차는 사막을 서쪽으로 달리다 남쪽으로 방향을 틀어 달린다. 차창 옆으로는 낙타무리가 풀을 뜯고 19시가 지나도 해는 서쪽 하늘에 높이 떠 있다. 차창 밖의 사막 경치는 변화무쌍하여 아름답고 굉장하다. 가끔 나타나는 오아시스는 정말 신기하고 아름답다. 열차가 달리는 사막에는 안전한 운행을 위해 사막을 엄청나게 정비했는데 그것은 다름이 아니라 와디의 정비다. 와디는 사막에서 비가 내리면 만들어지는 강인데 사막에 내리는 비는 생각과는 달리 땅속으로 스며들지 않고 바로 지표면으로 흐른다. 그런데 엄청난 비로 갑자기 폭이 큰 강이 만들어져 엄청난 수압으로 철도를 공격하면 철도가 붕괴하는 사고가 발생하여 교통이 두절되는 것이었다. 그래서 부채꼴 형태로 물이 흘러 철도 아래로 흐르도록 공사해 둔 것이었다. 차의 내부는 에어컨이 잘 나와 쾌적한 여행이 되었다. 열차는 톈산산맥의 계곡을 따라 달리고 달린다. 계곡을 달리는 열차 밖의 경치는 놀랍고 놀라울 뿐이다. 21시가 지나도 해가 지지 않는다.

○ 2003년 7월 31일

열차 안에서 아침을 맞았다. 드디어 15시 37분에 카스역에 도착했다. 카스역 바로 옆 초대소에 짐을 풀었다. 많은 버스가 종점이기 때문에 이동하기가 좋아서 역에 숙소를 정했는데 밤새 울리는 기적 소리로 한숨도 자지 못했다.

○ 2003년 8월 1일

09시에 일어나 시내로 나가 유명한 향비묘, 카스 박물관, 국제 바자르를 구경했다.

오아시스의 유명한 바자르는 시장을 의미하는데 일주일에 하루 열리는 바자르는 엄청난 종류의 상품들이 거래되고 있었다. 나는 사막의 무화과 열매를 사서 먹었는데 성경에서 자주 나오는 포도주와 무화과에서 무화과의 진면목을 알게 되었다.

○ 2003년 8월 2일

다시 투루판으로 열차를 타고 출발했다. 14시 40분에 투루판역에 도착하고 20시 24분에 란저우로 출발했다.

○ 2003년 8월 3일

08시 자위관, 08시 28분 주취안, 09시 08분 칭쉐이, 10시 25분 장예, 12시 34분 융창, 13시 26분 우웨이, 14시 초원지대에 진입 및 철도 복선 공사 중임을 확인하는 과정을 거쳐 드디어 18시 52분에 란저우에 도착했다. 역 옆 초대소에 숙소를 정하고 휴식을 취했다.

○ 2003년 8월 4일

아침에는 힘이 남아 06시 30분부터 07시 30분까지 1시간 동안 황허까지 왕복하는 달리기를 했다. 그리고 08시 18분발 시닝 일일 관광에 나섰다. 11시 40분에 시닝에 도착하여 대통 공원에 올라 사막의 경치를 보았다. 특히 시닝역에서는 라싸로 가는 차가 많은지 많은 호객꾼이 "라싸!"를 외치며 손님을 모으고 있었다. 19시에 출발하는 란저우행 열차를 타고 란저우로 돌아왔다.

○ 2003년 8월 5일

11시 56분에는 란저우발 후허하오터행 열차에 탑승했다. 란저우에서 인촨까지 열차로 가면서 본 사막과 초원의 열차 밖 경치는 환상 그 자체였다. 특히 자갈을 밭 표면에 덮어 농작물을 키우는 농법은 신비롭기까지 했다. 방법은 다음과 같은데 물이 부족한 사막의 밭에 주먹보다 작은 자갈을 덮고 그 아래에 여러 가지 농작물을 심으면 낮 동안 뜨거워진 자갈이 밤에는 갑자기 기온이 내려가면서 공기 중의 수분이 자갈에 맺히게 된다. 그 수분의 양이 점차 많아지면 자갈의 둥근 표면을 타고 흙 속으로 들어가 식물의 뿌리에 물을 공급하는 원리인 것이다. 그리고 계곡과 초원을 지나는 주변 경치는 나를 유혹했다.

○ 2003년 8월 6일

아침 07시에 후허하오터에 도착했다. 게스트하우스에 숙소를 정하고 잠시 휴식 후 14시부터 후허하오터 박물관과 선비족에 관한 답사를 했다. 16시 25분부터 17시까지는 왕소군묘를 보기 위해 시내버스를 타고 이동했다. 17시부터 19시 30분까지는 왕소군묘를 관람했다.

○ 2003년 8월 7일

시나무르 초원을 보기 위해 역 옆에 있는 시외버스 정류장으로 가니 어떤 여자가 초원 관광을 안내한다. 알고 보니 시나무르 초원 게르의 주인이었다. 11시 10분에 출발하는 버스로 중국 아가씨와 함께 그 여자를 따라 시나무르 초원의 게르에 도착하여 말도 타고 양고기로 점심도 먹었다. 그런데 하룻밤을 자는데 200위안이나 내라고 하여 15시경에 게르를 나와 2㎞ 정도 떨어진 곳의 초원 마을에 도착하여 지나가는 차를 세워 히치하이크를 했다. 한 시간쯤 지나 어떤 지프가 나를 태워 주었다. 그런데 그 차는 도로 내가 방금 나온 게르로 향했다. 알고 보니 그 차의 탑승자는 초원의 공산당원으로 엄청난 지위를 가진 사람이었다. 그래서 초원에서 게르 영업을 하는 주인에게 가서 양고기와 술을 먹기 위해서 잠시 들린 것이었다. 나는 차에서 기다리고 게르 안에서는 호탕한 소리와 이야기가 끊임없이 들렸다. 그는 1시간 반이 지난 19시에야 차로 돌아와 후허하오터로 출발했다. 그 당원은 몽골인이었는데 한국인도 몽골인이라고 하며 큰 덩치와 술에 취한 붉은 얼굴로 계속 큰 소리로 이야기하면서 21시가 넘어서 후허하오터에 도착했다.

○ 2003년 8월 8일

탁현이라는 마을을 향하여 여행을 떠났는데 동쪽으로 흐르는 황하가 북쪽에서 남쪽으로 굽어지는 곳을 보기 위해서였다. 오로지 지도 한 장으로 찾아가는 곳이라 오토바이를 가진 사람에게 부탁하여 오토바이 뒤에 타고 시골 황톳길을 달려갔다. 11시 40분부터 14시까지는 어딘지도 모르는 시골의 황하강 강가에 도착하여 시간을 보내었다. 황하강 주변에는 키를 넘는 옥수수가 끝없이 자라고 있었다. 길가의 시골 마을은 전형적인 중국 마을인데 마을 가운데로 큰 성벽이 지나고 있었다. 송나라 성벽이라고 설명해 주었다. 오토바이가 고장이 나 1시간 이상을 지체하고 후허하오터에 도착하니 17시 30분이다.

○ 2003년 8월 9일

07시에 후허하오터의 숙소를 나와 08시에 츠펑행 열차에 탑승했다. 12시 06분에 츠펑난역에 도착하여 점심을 먹고 다시 13시 57분에 출발하는 퉁랴오행 열차에 탑승했다. 퉁랴오에서 선양으로 가는 내몽고를 횡단하는 열차는 초원지대를 관통하는 열차다. 이곳은 초원지대라 유동인구가 적어 객차 내부가 텅텅 빈 채로 달린다. 19시 10분경, 해가 서쪽으로 넘어가는 초원은 정말 아름답다. 초원과 조그만 호수를 지나고, 하늘에는 작은 구름이 떠 있고, 보리가 익어가고, 해바라기가 10% 정도 꽃이 피고 있었다. 가끔 양들과 망아지가 뛰놀고 목동이 말을 타고 지키고 서 있었다.

○ 2003년 8월 10일

05시에 기상하고 세수를 했다. 30분에는 서림역을 지났고 07시 10분에 대판역을 지나고 나니 초원과 산이 어우러져 아름다운 경치를 보이고 있다. 초원의 중심을 달리는 열차다. 아침은 라면과 밥을 먹었다. 12시, 열차는 계속 초원을 달리고 있다. 13시경부터는 초원이 사라지고 농경지가 시작된다. 옥수수, 해바라기밭 등이 펼쳐진 전형적인 농촌 마을이 시작된다. 14시 45분에 퉁랴오에 도착했다. 16시 30분발 선양행 승차권을 구입하고 역에서 시간을 보내었다. 밤 10시경에 선양에 도착하고 역 앞의 호텔에 숙소를 정했다.

○ 2003년 8월 11일

09시경에 심정보 친구가 근무하는 령대 호텔을 찾아갔는데 출타 중이어서 겨우 연락이 되어 12시에 만나 함께 점심을 먹었다. 오늘은 중요한 모임이 있어 내일 다시 만나기로 하고 시내 구경을 했다.

○ 2003년 8월 12일

다시 친구와 만나 이야기를 나누고 우황청심환과 장뇌삼을 선물로 받았다. 함께 점심을 먹은 후 친구가 제공한 열차 승차권으로 13시에 다롄으로 출발했다. 17시 05분에 다롄에 도착하고 21시에 출발하는 옌타이행 배를 탔다.

○ 2003년 8월 13일

04시경에 옌타이항에 도착해서 옌타이역으로 이동하여 칭다오역에 도착하니 17시 16분이었다. 사촌 류봉렬이 마중을 나와 다시 만나고 가족들과 함께 저녁을 먹었다. 칭다오 시내 호텔에서 잠을 잤다.

○ 2003년 8월 14일

칭다오에서 비행기로 부산에 돌아왔다.

■ **2004년 7월 24일~8월 15일**

: 부산-베이징-란저우-시닝-거얼무-라싸-청두-충칭-이창-우창-베이징

이번 여행은 중국 라싸를 목표로 출발했다.

○ 2004년 7월 24일

김해공항에서 12시 40분에 이륙해서 베이징에 13시 40분에 도착했다. 맑고 무더운 중국 땅에 도착한 것이었다. 가격이 싼 호텔을 찾고 찾아 겨우 1박에 40위안인 백탑이 보이는 백탑 호텔에 체크인했다. 더운 날씨에 숙소를 찾기 위해 너무 고생하여 호텔 앞의 간단한 반찬(6위안)과 맥주(2위안)를 사서 먹고 잠들었다.

○ 2004년 7월 25일

어제저녁에 먹다 남은 음식으로 아침을 해결하고 103번 버스(1위안)를 타고 일단 베이징역으로 갔다. 라싸로 가는 방법을 물어보니 서쪽으로 가는 열차는 모두 새로 생긴 베이징시역에서 승차하고 승차권은 여기서 발권이 가능하다고 하여 란저우까지 승차권을 구입(377위안)했다. 일단 베이징 지도(3위안), 중국의 모든 열차 시간표가 적힌 작은 책(8위안)을 샀고, 오후에는 이화원(입장권 50위안)과 시내를 둘러보았다. 중국의 모든 관광지의 특징은 매표소 입구까지 가는 거리가 보통 2㎞는 된다는 것이다. 걷고 걸어 들어가야 매표소가 나오고 또 걸어 들어가야 본격적으로 볼 것이 나온다. 그래서 입구에 전기차가 항상 대기하고 있다. 나는 그 돈이 아까워 걷고 또 걸었다. 천천히 걷다가 쉬면서 중국인들의 모습을 구경하고 호수 주변을 돌고 유명한 건물들을 둘러보았다. 그리고 다시 버스를 타고 나와 중국과학기술대학에 갔다. 그곳에는 창원대학교 평생교육원에서 이번 학기에 중국어 강좌를 함께 수강한 정순덕 씨가 어학원에 한 달 과정으로 유학 와 있었다. 그런데 관리실과 교무실에 가서 묻고 물어도 아무도 모른다고 했다. 베이징과학기술대 교정의 커다란 모택동 동상 앞에서 지나가는 중국인들에게 물어도 어학원을 아는 사람이 없었다(그 당시에는 여름방학 동안 대학의 이름을 빌려 어학연수 사업을 하는 업자가 많았다). 날이 저물어 더 찾는 것을 포기하고 호텔로 돌아왔다.

○ 2004년 7월 26일

비가 내린다. 오전에 숙소에 있다가 라면으로 아침을 먹고 숙소를 나와 난조우로 가는 열차 안에서 먹을 과일과 빵(15위안)을 샀다. 새로 멋지게 지어 완성된 역인 베이징시역으로 버스를 타고 갔다. 오래된 베이징역을 대신하여 이제는 웅장하고 큰 베이징시역에서 대부분의 열차가 출발하고 도착한다. 14시 23분에 란저우행 열차가 출발했다. 열차에서 바라본 중국의 경치는 한마디로 광장하다. 달리고 달려도 이어지는 수평선에 심어진 벼, 옥수수, 해바라기들과 열차는 함께 달리고 달린다. 열차 내부는 중국인들의 모든 모습을 함축해 놓았다. 18시경에 열차 내에서 파는 식사를 10위안에 사서 먹었다. 밥 위에 닭고기, 볶은 채소를 얹은 완전 중국식 열차 식사였다. 열차는 서쪽으로 달리고 달린다. 처음에는 벼농사 지역을 지나고 옥수수, 해바라기가 자라는 밭농사 지역을 지난다. 시안을 지나자 밤이 되었다.

○ 2004년 7월 27일

열차는 초원 지역을 달렸다. 11시 06분. 열차가 드디어 란저우에 도착한다. 목적지가 라싸이기 때문에 열차 안에서 열차 승무원에게 사정을 이야기하여 시닝까지 승차권을 연장(89위안)했다. 15시 06분에 시닝에 도착했다. 시내를 둘러보고 저녁에 다시 거얼무로 가는 열차 승차권을 예매했다. 18시가 되자 거얼무로 향하는 열차가 출발한다. 완전히 사막을 달리는 열차다. 나의 승차권은 의자에 앉아서 가는 승차권인데 내일 11시까지는 17시간을 앉아서 가는 것은 무리였다. 중국인들은 열차 안에서 승무원에게 침대 승차권으로 바꾸어 달라고 하면 만약 승객이 내리고 빈 침대칸이 있으면 돈을 더 받고 승차권을 교환해 준다. 나도 이제는 중국 열차 여행의 도사가 되어 승무원에게 이야기하여 겨우 침대 승차권을 구했다(67위안). 7호 차 51포 상 침대다. 이제 침대칸도 구했겠다, 23시경에 편하게 잠들었다.

○ 2004년 7월 28일

05시에 기상하고 08시에 아침(10위안)을 사 먹었다. 11시 06분. 드디어 거얼무에 도착했다. 거얼무는 역시 사막의 큰 오아시스 도시로 오랜 옛날부터 라싸로 가는 중요한 길목의 도시다. 베이징에서 라싸로 가기 위해서는 반드시 거얼무까지는 열차로 와야 한다. 12시에 거얼무역 앞에 있는 거얼무 호텔(1박에 25위안)에 체크인했다. 샤워 후 짐을 정리하고 일단 중국은행에 가서 300달러를 환전하니 2,400위안을 준다. 그리고 중국 국제여행사에 가서 라싸 여행 승인증과 거얼무에서 라싸까지의 버스비, 라싸에서의 숙박비로 1,700위안을 주고 여행 허가증을 받았다. 중국은 외국인이 라싸를 여행할 때 엄격한 제한을 하는데 이는 티베트인의 저항으로 엄청난 위험 요소를 가지고 있기 때문에 외국인의 출입을 통제하기 위해 여행 허가증을 발급하는 것이었다(참고로 2016년에는 개인 여행이 허가되지 않고, 여행사를 통하여 단체여행만 가능했다). 그리고 버스를 타고 가면 몇 번의 검문소를 통과해야 하는데 허가증이 없으면 되돌아가야 한다고 했다. 그런데 시간이 많은 한국 여행자들은 중국인과 비슷하기 때문에 경비를 절약하기 위하여 거얼무에서 라싸 여행 전문가들의 도움으로 약간의 돈을 주고 중국 신분증을 구하거나 엄청나게 자주 다니는 화물트럭의 조수로 동승(물론 약간의 차비를 지불해야 한다)하여 검문을 피하고 라싸에 들어가는 경우가 많았다. 그리고 라싸에서 나올 때는 허가증 없이 그냥 나올 수 있었다. 나는 시간이 없고 반드시 라싸에 가야 하기 때문에 비싼 돈을 지불하고 안전하게 여행 허가증을 산 것이었다. 중국 국제 여행사에서 나오는데 한국 아가씨를 만났다. 내일 자기가 몇몇 여행자들과 라싸에 가려고 하는데 동행할 수 있는지 물어본다. 물론 허가증 없이 가는 방법이었다. 내가 사정을 말하고 이미 여행 허가증을 샀다고 하니 아쉬워한다. 싸게 가는 방법이 있는데 괜히 너무 많은 돈을 지급했다는 것이었다. 30대 초반의 한국 아가씨는 중국 배낭여행에 이미 도사가 되어 있었다. 아가씨와 헤어진 후 거얼무 시내를 구경하고 숙소로 돌아와 휴식을 취했다.

○ 2004년 7월 29일

어제 만난 아가씨를 로비에서 만나 같이 아침을 먹었다. 12시에 거얼무 호텔에서 체크아웃하고 라싸로 가는 버스 정류장으로 갔다. 15시 10분에 많은 중국인과 함께 버스 위에도 많은 짐을 싣고 버스가 출발했다. 거얼무 시내를 지나자 바로 눈에 보이는 것은 라싸까지 달릴 열차가 지나갈 엄청난 교각 건설 현장이었다. 마치 시골길의 나무 전신주처럼 열차가 달릴 수 있도록 철로를 설치할 교각이 이어지고 이어져 이스트섬의 모아이 석상이 서 있는 것 같았다. 거얼무강을 따라 오르고 오르니 저 멀리 흰 눈을 이고 있는 탕구라산맥이 보이기 시작했다. 나는 저 흰 눈으로 뒤덮인 탕구라산맥은 그냥 멀리서 쳐다만 보고 지나갈 줄 알았는데 큰 오산이었다. 차는 높은 언덕길을 굽이굽이 돌아 거얼무강 강가의 길을 힘겹게 오르고 오른다. 차가 달리는 주변의 경치는 풀 한 포기 없는 황무지이고 수만 년 동안 침식된 탕구라강이 만들어 낸 작품으로 엄청난 경치를 보여 주고 있다. 라싸보다는 오히려 라싸로 가는 길이 더 의미 있고 멋진 길이기도 했다. 짐을 가득 실은 화물차들과 버스는 힘겹게 고개를 오르고 올라 드디어 만년설 바로 앞의 조그만 마을에 도착했다. 여기까지 역시 열차 교각도 동행했다. 정말 한여름에 설산의 눈을 보고 만질 수 있는 곳에 도착한 것이었다. 나중에 알고 보니 그곳이 나취였다. 이제야 버스가 잠시 휴식을 한다(17시 10분 도착). 그런데 가지고 온 과자 봉지가 터지려고 했다. 기압이 낮아 팽창한 것이었다. 함께 버스를 타고 온 중국인들과 인사를 하고 나취의 작은 식당에서 저녁(14위안)을 먹었다. 나취에는 버스뿐만 아니라 짐을 가득 실은 화물차들도 잠시 쉬면서 정비도 하고 휴식을 취하고 있어 아주 중요한 휴게소 마을이었다. 18시 10분경에 해가 지고 이제는 버스가 서쪽으로 향하여 달리기 시작한다. 나의 행복 여행은 여기까지였다. 버스의 침대칸에 조금은 불편하게 타고 왔는데 이상하게 머리가 아프기 시작하고 온몸이 비틀리는 느낌이 들고 엄청난 통증이 온몸을 감싼다. 나는 이번 여행의 피로가 한꺼번에 온 것으로 착각하고 내 몸이 이렇게 약해졌나 하고 오만가지 생각이 다 들었다. 나는 고소증에 걸린 줄 몰랐다. 그렇게 이어지는 고통으로 인해 버스 속에서 뒹굴고 일어났다, 앉았다, 눕기를 밤새도록 계속했다. 사막 도시 거얼무는 거의 해발 10m의 도시인데 3시간 만에 탕구라산맥의 만년설이 있는 4,500m 높이의 고지로 올라왔으니 확실한 고소가 온 것이었다. 나중에 라싸에 도착하여 고소증에 대해 알아보니 우리 한국 사람들은 하룻밤 정도만 고생하면 금방 적응이 되어 생활하는 데 약간의 호흡 곤란만 있을 뿐 금방 적응한다고 한다. 그런데 서양 사람들은 일주일 이상 밤만 되면 같은 고통을 겪어야 적응이 되어 라싸에서 생활할 수 있다고 했다. 그래도 서양 사람들은 라싸에 오길 원한다고 했다. 그리고 고소증세는 낮에는 기압이 약간 높아 별 증세가 없는데 해가 지면 기압이 낮아져 고통이 시작되는 것이었다. 이 모든 것은 산소의 부족 때문이어서 라싸의 병원에는 산소 탱크가 있어 심한 사람은 몇 시간씩 안정될 때까지 탱크에 들어가 산소 치료를 받아야 한다고 했다. 내 생애 가장 고통의 밤이 지나고 날이 밝자 조금은 회복되었지만 물 이외에는 먹을 수가 없었다.

○ 2004년 7월 30일

아침이 되어도 버스는 만년설이 덮인 히말라야산맥을 왼쪽에 두고 중턱의 길을 따라 달리고 달린다. 건설 중인 베이징, 라싸 간의 철로를 설치하기 위한 철로 교각은 각자의 숫자(거얼무에서 시작된 교각은 1번을 시작으로 각자 번호를 붙여 두었다)를 달고 눈이 녹아 진흙탕이 된 평지 위에 우뚝 솟아 그리스의 신전 열주같이 열을 지어 끝없이 이어지고 있다. 그리고 차는 점차 해발 4,000m에서 3,500m로 내려간다. 그러나 나는 주변의 경치를 감상할 틈도 없이 아직도 고소 증세가 회복되지 않아 어제 못 잔 잠과 고소 증세로 완전 비몽사몽이다. 드디어 버스가 17시경에 라싸 버스 터미널에 도착한다. 중국 국제 여행사에서 정해 준 레시탈레빈관 3층 13호실 침대에 짐을 풀었다. 그 방은 티베트 불교의 만다라를 그리는 화가가 묵고 있는 방이기도 했는데 3일 동안 밤에는 한잠도 자지 못했다. 왜냐하면 그 화가는 밤에만 그림을 그렸는데 만다라를 그리는 동안 같은 템포만 계속되는 이상한 음악을 크게 틀어 놓고 작업했기 때문이었다. 첫날밤을 새고 다음 날 아침에 호텔 지배인에게 아무리 설명을 하고 방을 바꿔 달라고 하여도 방이 없다고 하여 더욱 고생했다. 그 호텔은 그 유명한 조캉 사원 주변에 있었는데 호텔만 나오면 티베트 불교의 모든 것을 구경할 수가 있었다. 오체투지와 종교 관련 기념품, 주변의 건물들, 채색, 음악 등을 항상 볼 수 있었다. 내일 아침 09시에 이번 라싸 여행 허가를 받은 사람들의 미팅이 있다고 연락을 받았다. 호텔 바로 옆에 한국인 식당이 있어 우리 음식을 먹으니 살 것 같았다. 잠을 자기 위해 누웠지만 크게 틀어 놓은 음악 소리로 인해 다시 고통 속으로 빠져들어 갔다.

○ 2004년 7월 31일

　라싸 1일 차 07시경. 밤새 음악 소리에 한잠도 못 자고 뒤척이다가 너무 피곤하여 조금은 잔 모양이다. 새벽에 천둥, 번개와 함께 호텔 밖에는 엄청난 소나기가 내리는 소리가 들린다. 음악 소리보다 소나기 소리에 잠을 깨었다. 아침은 뚜장과 요우티아오(1위안)를 먹었다. 잠시 눈을 붙인 뒤 09시 10분에 여행자들의 모임이 있었고, 첫 여행지인 드레풍 사원(입장료 55위안)으로 갔다. 전형적인 티베트 불교 사원으로 많은 스님이 공부하는 학교 역할을 하는 사원이다. 특히 10시부터 시작되는 토론 수행을 보는 것이 백미인데 마주 보고 서서 한 스님이 손뼉을 치면서 이야기하면 앞의 스님이 답으로 손뼉과 이상한 발 모양을 하면서 서로 경전과 진리에 관해 토론하는 수행 형태로 이야기를 나눈다. 많은 관광객이 주변에서 사진을 찍고 구경하고 있었다. 그리고 많은 티베트 불교 신자들은 마니차를 돌리면서 사원들을 둘러보고 있다. 그리고 우리 팀의 포탈라궁 관광 시간은 2일 15시에 예약되었다고 했다. 점심(8위안)을 먹고 산의 중턱에 있는 노브링카 사원(입장료 60위안)으로 갔다. 여기는 산 중턱에 있는 사원인데 온 산의 바위에 칼라로 경전의 글씨를 새겨 놓았다. 그 숫자는 셀 수가 없고 크기도 어마어마하며 또 작은 돌판에 양각으로 새겨 놓은 경전판이 온 산을 덮고 있었다. 그와 함께 경전을 무지개색 천에 새겨 줄을 묶은 룽다는 마치 운동회 운동장에 걸린 만국기같이 바람에 날리고 있었는데 이것도 역시 산을 덮고 있었다. 가장 크고 많이 적힌 글이 "옴마니반메훔."이라고 읽는 경이라고 했다. 방 교체도 안 된다고 하고 오늘 밤을 어떻게 지낼 것인가 계속 걱정했다. 아니

나 다를까, 그 화가는 역시 불도 끄지 않고 밤새도록 음악을 틀어 놓고 부처님이 가운데 앉은 만다라를 그리고 있었다.

○ 2004년 8월 1일

라싸 2일 차. 새벽에 역시 천둥, 번개와 함께 소나기가 내렸다. 아침은 만두와 누룽지국(2.5위안)을 먹었다. 오늘은 티베트 종교의 본산인 조캉 사원(70위안)을 구경했다. 조캉 사원의 담장을 시계방향으로 탑돌이처럼 한 바퀴 도는 것도 수행의 중요한 요소가 되어 엄청난 불자들이 염주와 손에 마니차를 돌리면서 돌고 있었다. 그리고 그 길 양편에는 엄청난 선물 가게가 있고 포장마차에서도 다양한 기념품을 팔고 있었다. 그 내부로 들어갔는데 한 사람이 겨우 지날 수 있는 좁은 통로를 천천히 떠밀려 가면서 구경할 수 있었다. 가이드가 설명하는 말은 한마디도 알아들을 수가 없고 오직 송챈캄포와 문성공주가 귀에 들어왔다. 많은 부처님과 등신불의 화려한 채색, 이상한 향냄새, 그리고 모든 기둥의 틈에는 지폐와 동전이 끼워져 있고 부처님 앞에는 중국 돈이 수북이 쌓여 있었다. 길은 미로 같아 오직 앞 사람만 따라가야 구경을 마칠 수 있었다. 구경을 마치고 나오니 점심시간이 되었다. 점심은 면과 양고기(10위안)를 먹었다. 오후에는 라싸 박물관(40위안)을 구경했다. 이곳은 온통 티베트 불교와 관련되어 있어 화려하고 섬세했지만 이해하는 데 어려웠다. 저녁으로 맥주와 우리나라 음식(18위안)을 먹고 매우 피곤하지만 밤잠을 또 설쳤다.

○ 2004년 8월 2일

라싸 3일 차. 새벽에 역시 천둥, 번개와 소나기가 내렸다. 아침은 어제와 같이 먹었다(2.5위안). 오늘은 그 유명한 포탈라궁을 보는 날이다. 일단 오전에 라싸의 서쪽에 있는 세라 사원을 방문했다. 세라 사원은 달라이라마가 마지막까지 머문 사원으로 그가 중국의 침입으로 인해 인도로 가기 전까지 있었던 사원이라고 했다. 사원은 나무가 울창하고 그 사이사이에 사원이 있는 형태로, 마치 우리나라의 사찰 같았다. 점심은 간단한 면(8위안)을 먹었다. 잠시 휴식 후 15시가 되어 드디어 우리 여행단은 포탈라궁 뒤편으로 가서 천천히 계단을 올라 한참 만에 입장권(100위안)을 점검받고 포탈라궁으로 들어갔다. 이곳 역시 미로 같은 길을 따라 좁은 공간에 엄청난 부처님과 등신불을 모셔놓았다. 엄청나게 큰 부처님, 작은 부처님, 엄청나게 크고 무서운 탈들, 금으로 번쩍이는 부처님들, 역시 여기에도 돈과 동전들이 기둥의 틈과 불상 앞에 쌓여 있었다. 돌아다니다 보니 드디어 달라이라마의 방을 구경할 수 있었는데 이곳은 그가 아기 때부터 달라이라마로 선정되어 궁으로 들어와 궁 밖을 나가보지 못하고 경전을 공부하고 수행했던 방이었다. 햇빛이 들어오는 창문으로 밖을 내려다보니 100m가 넘는 높이였다. 달라이라마가 이 창문을 통하여 속세를 하염없이 보며 시간을 보내었다고 생각하니 그가 엄청 불쌍하다고 생각이 되었다. 평생 탈출할 수 없는 감옥과 어떤 차이가 있는가를 생각해 보니 나의 인생이 너무 행복하게 생각되었다. 창문에서는 남쪽 경치를 볼 수 있었는데 건너편 멀리 만년설로 덮인 히말라야산맥이 보이고 바로 앞에는 작은 호수와 중생들이 생활하는 모습과 궁을 향하여 오체투지를 하는 불자들이 보였다. 다시 많은 방을 지나 구경을 하고 남쪽으로 난 긴 계단을 내려오는 것으로 포탈라궁의 만다라에서 속세로 내려왔다. 18시 30분이었다. 세 시간 반을 포탈라궁에서 보낸 것이었다. 포탈라궁에서 동쪽으로 보면 조캉 사원의 사슴 두 마리가 모시는 법륜을 볼 수 있었다. 그리고 숙소로 돌아오면서 내일 출발하는 라싸에서 청두로 가는 버스 승차권을 가이드를 통하여 예매(530위안)했다. 오늘 구경을 마치고 우리 팀의 외국인들과 맥주를 한잔하면서 3일 동안 함께 했던 인연을 축하했다. 밤에는 한국 식당에서 만난 선교사 김 선생과 맥주를 한잔했다(40위안). 김 선생은 부산의 종교 단체에서 파견된 선교사로 중국 공안을 피해 조심스

럽게 기독교를 선교하고 있다고 했다. 그리고 티베트인들의 강한 독립심을 이야기했다. 그리고 언젠가는 달라이라마가 돌아와 티베트를 통치할 것을 굳게 믿고 있었다. 오늘도 만다라 음악을 들으며 잠을 설쳐야 했다.

○ 2004년 8월 3일

라싸 4일 차. 새벽에 역시 천둥 번개와 소나기가 내렸다. 어제 마신 술로 인해 10시가 되어서야 기상할 수 있었다. 정신을 차리고 이제 라싸를 떠날 준비를 했다. 라싸를 떠나는 방법은 비행기와 차를 이용하는 방법밖에 없다. 비행기 노선은 유일하게 청두와 라싸를 오가는 비행기가 있고 다른 도시와는 연결이 안 된다. 모두 여행 허가 때문이다. 나는 어제 청두로 가는 침대 버스 승차권을 예매했기 때문에 버스 터미널로 갔다. 이 버스는 청두와 라싸를 왕복하는 침대 버스인데 옛날 낙타와 인간이 다니던 길을 조금 넓혀 버스가 다니는 것이다. 이 버스가 다니는 길은 사람들이 사는 마을과 마을을 연결하여 운행하는데 오늘 출발하면 청두까지 3박 4일 정도 소요되어 6일 14시에 도착한다고 한다. 드디어 12시가 되어 라싸 시외버스 터미널에서 미국인 1명, 한국인 1명과 중국인들을 태우고 버스는 라싸를 출발했다. 버스는 내가 라싸로 왔던 길을 다시 달려가고 있었다. 침대 버스는 쉬지 않고 달려 다시 탕구라산맥의 나취에 도착했다. 잠시 휴식하고 저녁을 먹었다. 이제 다시 캄캄한 밤을 달리고 달린다. 달리던 버스가 사막의 오아시스 도시에서 잠시 쉬기도 했는데 그때는 꼭 물을 차의 라디에이터에 넣고 얼마의 돈을 주었다. 계속 달리다 보니 엔진 열로 라디에이터의 물이 증발하여 보충해야 했다.

○ 2004년 8월 4일

버스는 계속 달려 거얼무강을 따라 하류로 내려가고 있다. 해가 뜨고 날이 밝자 창밖의 경치가 아름답게 보인다. 다른 사람들에게는 황량한 사막으로 보이겠지만, 나는 지구가 나무라는 옷을 입기 전의 원래 모습을 볼 수 있어 즐겁다. 이제 고산지역에서 아래로 내려오니 숨쉬기도 훨씬 수월하다. 라싸를 출발한 지 22시간 만에 거얼무에 도착했다. 버스는 다시 오아시스 도시들을 지나고 지나면서 시닝을 향해 달렸다. 시닝으로 가는 길은 전형적인 사막으로 내가 좋아하는 경치다. 19시에 또 다른 오아시스 마을에서 잠시 휴식한 후 출발했는데 갑자기 차가 밀려 앞으로 나갈 수가 없다. 차에서 내려 살펴보니 조금 전에 짐을 가득 실은 화물차 기사가 졸음운전으로 도로 옆 전신주를 받고는 논으로 날아 들어간 것을 알 수 있었다. 그 결과 전주와 전깃줄이 도로를 덮어 양방향으로 차가 오도 가도 못 하게 된 것이었다. 시간이 지날수록 차는 점점 많아지고 고압선이 흐르는 전선은 어떻게 손볼 수도 없고 하여 속만 태우고 있는데 우리 버스 기사가 오른쪽의 잡초가 무성한 땅을 한참 점검하더니 1시간쯤 뒤에 우리 차가 도로 옆으로 곡예 운전을 통해 탈출에 성공했다. 모든 승객이 환호성을 지르며 박수로 기사에게 감사를 표했다. 기사가 기지를 발휘하지 못했으면 얼마나 더 기다려야 했을지는 도저히 알 수가 없다. 그리고 조금 지나 다른 오아시스 마을을 지나는데 경운기에 탄 가족을 뒤에서 오던 지프가 추돌하여 부부와 아이가 몰살당한 교통사고도 목격했다. 눈물을 흘리며 명복을 빌어 주었다. 드디어 시닝에 도착하고 23시 30분경에야 저녁을 먹게 되었는데 인사를 나눈 중국인이 나에게 술과 밥을 사 주었다.

○ 2004년 8월 5일

아침에 눈을 뜨니 버스는 란저우 시내를 달리고 있다. 잠시 후 출근 시간으로 바쁜 도로에서 공사가 있어 꼼짝없이 1시간 30분이나 정차하여 공사가 끝나기를 기다려야 했다. 겨우 09시에 란저우 버스 터미널에 도착하여 45분까지 쉬면서 아침(20위안)을 먹었다. 다시 출발한 버스는 톈수이로 향하고 있다. 톈수이로 가는 길은 이제 사막이 끝나고 논과 밭이 보이기 시작한다. 이곳은 산이 많은 지형이라 계단식 밭이 마치 필리핀이나 우리나라 남해의 가천과 같은 계단식 논과 밭이었는데 높은 곳까지 경작하는 인간의 의지를 보여주고 있었다. 톈수이를 지나니 이번에는 우리나라와 똑같은 지형을 지난다. 숲이 우거진 산, 계곡, 기와집 등 정말 한국의 시골을 달리는 기분이다. 그중 한 집에서 저녁을 먹었다(17:00~18:00). 버스는 산골로 구불구불한 길을 오르고 내려가고 하면서 어둠 속을 달린다. 자주 검문을 당했다. 어둠 속에 어떤 집 마당에 차를 세우고 휴식하도록 한다.

○ 2004년 8월 6일

오늘도 깊은 밤에 기사와 조수는 차를 완전히 분해하여 고장 난 곳이 있는지 오랜 시간 정비를 한다(02:00~06:00). 차를 수리하는 것을 보면 차가 고장이 나 며칠 더 기다려야 하는 것이 아닌가 걱정했는데 날이 새면 아무 일도 없었던 것처럼 차는 쌩쌩 달렸다. 07시 30분부터 08시 40분까지 아침 식사 후 모자라는 잠을 잤다. 차는 다시 출발하여 청두를 향하여 달리는데 마치 우리나라 심산계곡을 지나가는 것 같다. 그곳에는 마을이 이어져 있었는데 역시 이 길이 고대부터 인간과 말, 낙타가 다니는 길이었다. 드디어 08시 45분경에 청두까지 387㎞ 남았다는 이정표를 보게 되었다. 조금 지나니 중국 공안의 검문이 있었다. 여기가 많은 물자와 사람들이 다니는 길목이 틀림없다. 자주 공안의 검문이 실시되고 있으니까. 청두에 가까워지자 가릉강을 따라 길이 나 있다. 강의 양쪽으로 산이 겹쳐지고 아름다운 경치를 선사한다. 10시 30분경에는 '청두 230㎞' 이정표를 지난다. 12시에는 '청두 130㎞' 이정표를 지난다. 마침내 14시에 역사 도시 청두 시외버스 터미널에 버스가 도착했다. 함께 여행한 젊은 미국 친구와 이별하고 무사히 태워준 버스 기사와 기념사진을 찍었다. 숙소를 찾는다고 헤매다가 16시 30분에 청두 호텔에 체크인했다(1일 100위안). 샤워하고 시내로 나와 34번 순환 버스를 타고 내일 둘러볼 곳을 탐색했다. 저녁은 볶음밥(5위안)을 먹었다.

○ 2004년 8월 7일

08시 기상. 호텔에서 제공하는 아침을 그동안 부실한 식사를 보충하기 위하여 무리할 정도로 많이 먹었다. 일단 청두역에 가서 충칭행 승차권(137위안)을 예매했다. 다음은 제갈공명과 유비를 모신 무후사를 천천히 둘러보았다. 이어서 청양궁, 두보초당(30위안)을 보고 돈이 떨어져 중국 은행에 가서 환전하려고 했으나 일요일이 되어 못 하고 돌아왔다.

○ 2004년 8월 8일

06시에 일어나 호텔 조식을 먹었다. 08시에 체크아웃을 하고 청두역으로 갔다. 그런데 생각 외로 사람들이 많지 않다. 그리고 열차에 탑승하니 더욱 사람들이 없다. 내가 탄 객차에는 어린 학생 두 명과 나, 이렇게 세 사람이 타고 있다. 나중에 알고 보니 버스 교통이 발달하여 버스로 충칭으로 가는 것이 싸고 빨리 가는 방법이기 때문이었다. 08시 52분에 청두를 출발했다. 12시에 라면으로 기차 안에서 점심을 먹었다. 15시에 영천을 통과했다. 청두에서 충칭까지의 열차 여행은 쓰촨성의 험한 산으로 인하여 많은 터널과 강을 건너는데, 대부분의 구간이 가릉강을 따라 철로가 건설되어서 주변의 경치가 아름다워 지루한 줄 모르고 즐기면서 여행을 할 수 있었다. 드디어 17시 40분에 충칭에 도착했다. 충칭은 장강 여행으로 자주 온 도시라 걱정 없이 다닐 수 있다. 항상 좁은 충칭역 앞은 많은 호객꾼으로 복잡하다. 천천히 나와 기다려서 18시 30분에야 429번 시내버스를 탈 수 있었다. 한여름이라 강물의 습도가 정체되어 무지하게 덥다. 이때에는 좋은 호텔을 잡아 시원한 에어컨 아래에서 피로를 해소하는 것이 최고다. 19시 10분에는 충칭 중심가의 회선루판티엔에 여장을 풀었다. 조식을 제공하는 제일 좋은 호텔이다. 저녁과 장강을 유람하는 것을 알아보기 위해 장강 유람선이 출발하는 조천문으로 갔다. 그런데 장강을 보니 옛날과 많이 달라져 있었다. 바로 삼협댐의 완성으로 수위가 엄청나게 올라와 있었던 것이다. 그리고 왼쪽 가릉강 쪽 물 위에 배와 데크에 만들어진 수영장에는 많은 사람이 물놀이를 하고 있었다. 오랜 기간 동안 엄청난 비용으로 장강의 치수 사업인 삼협댐이 완성되어 상류에 속하는 충칭까지 물이 차 옛날의 낮고 긴 강가가 수영장으로 변한 것이었다. 그리고 이제는 거의 바로 배에 승선할 수 있도록 수위가 상승해 있었다. 이전에 했던 세 번의 장강 유람은 모두 옛 모습의 장강이었는데 새로운 모습의 장강이 기대되었다. 장강이 보이는 식당에서 양꼬치와 맥주로 저녁 식사(14위안)를 했다. 내일 먹을 사과와 과자(16위안)를 사서 호텔로 돌아왔다. 호텔에 돌아와 같은 침대 방에서 잠자는 외국 사람들 중에서 독일 아가씨가 한글에 관심을 보여서 한글의 자음과 모음을 설명하니 금방 알아듣고 자기 이름을 한글로 적는다. 2시간 정도 한글을 설명하고 재미있게 시간을 보내었다.

○ 2004년 8월 9일

07시경에 일어나 샤워를 하고 08시에 호텔에서 제공하는 아침을 엄청나게 많이 먹었다. 중국 은행에 가서 환전(300달러, 2,400위안)했다. 다시 조천문으로 가서 오늘 저녁 출발하는 장강 유람선 승선권을 예매했다. 18시 30분에 출발하는 3등실(297위안)이다. 다시 충칭 시내로 나와 강을 건너는 사람의 발이 되는 케이블카를 타고 장강을 건너기도 하면서 시간을 보내었다. 점심은 볶음밥(9위안)으로 먹었다. 17시 30분에 호텔에서 체크아웃하고 조천문에 도착하여 유람선 승선을 위해 경사로차(2위안)를 타고 승선했다. 장강댐으로 수위가 엄청 불어나(수위가 전보다 150m 이상 상승했다) 승선하는 데 훨씬 수월했다. 여름이라 많은 승객이 배를 가득 채우고 있었다. 아직 해가 지지 않은 18시 30분에 이창으로 가는 배가 출발했다. 강폭이 넓어져 마치 호수 위를 떠가는 것 같이 유람선은 동쪽으로 유유히 내려간다. 강 양쪽의 경치는 변함없이 아름답고 최고 수위에서 20m 정도 수위가 내려가 강 양옆으로 황색 띠를 만들어 놓았다. 1시간 정도를 내려와 풍도에 도착하고 귀성을 구경하게 한다. 다양한 귀신성인데 오래되어 휑한 느낌이었다. 다시 배는 출발하여 아래로 내려간다. 지난번 여행에서는 유람선이 아니고 강가의 도시를 다니는 연락선이었는데 이번에 탄 배는 완전 유람선이라 유명한 유적지에 배를 정박시키고 관광을 마치면 다시 출발했다. 그리고 과거에는 밤이 되면 운행을 멈추었지만, 지금은 밤에도 아무런 어려움 없이 계속 운행한다. 이제는 어두워져서 강 양쪽의 마을의 불빛이 강에 어린다.

○ 2004년 8월 10일

넓고 넓은 강물을 따라 내려와 봉두에 도착한다. 봉두에서는 잠시 내려 시내를 구경하고(08:00~09:00) 오게 해 준다. 배에서 내려 계단을 올라가니 시내가 나오는데 많은 선물 가게들과 식당이 있었다. 만두로 아침 식사를 했다. 다시 장강을 따라 한참을 내려왔다. 운양을 지나니 장비 묘가 있다. 16시 14분부터 17시 15분까지 관광을 했다. 장비가 술에 취해 잘 때 부하들이 목을 잘라 가릉강에 버렸는데 흘러내려 와 발견된 장소에 장비의 사당을 지어 추모했던 곳이 바로 장비 묘다. 그 장비 묘가 댐의 완공으로 수몰되자 지금의 위치로 옮겨 새로 단장한 곳이다. 새로 지었지만 잘 단장되어 있었다. 다시 배가 출발하여 한밤중에 봉제에 도착했다(23:00~23:10). 봉제에 잠시 정박한 뒤 바로 출발한다. 늦은 밤, 흘러가는 배가 갑자기 조명이 밝은 성 앞에 정박한다. 바로 백제성이다(24:00~01:00). 죽어 가는 유비가 제갈량에게 아들 유선의 뒤를 부탁한다는 장면을 재

현시켜 놓았다. 한밤중이지만 각 유람선에서 내린 관광객들이 흘러넘친
다. 댐의 완공으로 물길이 좋아져서 많은 관광객을 쉬지 않고 싣고 다닐
수 있게 된 것이었다.

○ 2004년 8월 11일

06시. 날이 밝아 일어나니 안개 속으로 구당협을 통과한다. 웅장한 구
당협의 유명한 절벽에 만들어진 까마득한 높이의 잔도는 이제 물속에 잠
겨 보이지 않는다. 07시 40분경에 무산에 도착하고 바로 소삼협, 소소삼
협으로 가는 배(150위안)를 타고 북쪽 좁은 계곡으로 들어간다. 엄청난 계
곡으로 들어가고 다시 또 들어가니 양팔을 벌리면 닿을 것 같은 소소삼
협까지 들어간다. 계곡의 물가에는 원주민들이 나와 전통복장으로 노래
도 부르고 춤도 추면서 관광객들을 환영한다. 08시에 출발한 관광이 12
시 50분에야 마무리되어 다시 배로 돌아왔다. 점심은 배의 식당에서 고
기와 면을 먹었다(18위안). 13시에 무산을 출발하니 바로 무협이 나온다.
정말 대단한 경치다. 무산 12봉은 다시 봐도 멋지다. 이어 기이한 서릉협
을 구경하고 다시 평원으로 나오니 15시다. 장장 2시간을 머리를 들고 멋
진 협곡의 경치를 구경한 것이었다. 저녁으로 식당에서 면과 맥주(9위안)
를 먹고 마셨다. 마침내 유람선이 완성된 삼협댐에 도착했다. 역시 엄청
난 수위의 차이로 인해 독에 들어가 아래로 내려오는 데 21시부터 24시
까지 3시간이나 소요되었다.

○ 2004년 8월 12일

아침 07:00에 옛날부터 있던 갈주파댐을 역시 독을 이용하여 통과했
다. 다시 유람선은 08시에 이창 부두에 도착하여 이로써 장강 여행을 마
무리했다. 배에서 미리 산 버스 승차권(50위안)으로 우창행 버스를 타고
출발하니 08시 40분이다. 잘 건설된 고속도로를 이용하여 우창역에 도

착하니 14시 20분이다(점심 식사로 16위안 지출). 저녁 20시에 출발하는 베이징 열차 승차권(429위안)을 예매했다. 남는 시간에 역시 장강이 보이는 황학루를 구경(50위안)했다(과자와 물 10위안, 저녁 식사로 15위안 지출).

장강댐이 완성된 후 처음으로 해 본 장강 유람은 이제 유럽의 운하 같은 강줄기로 옛 정취가 사라져 완전히 관광지로 변했다는 느낌을 주었다. 과거 2번의 장강 유람은 몇천 년을 내려온 인간의 삶의 모습을 그대로 볼 수 있었고 장강의 아름다움 속에 녹아 있는 인간 삶의 고통을 보여 주었다. 20시에 베이징으로 출발하는 열차에 몸을 실었다.

○ 2004년 8월 13일

밤새 달려온 열차는 07시에 베이징역에 도착했다. 유리창이 있는 전통적인 옛날 집을 개조한 호텔(50위안)에 숙소를 정했다. 잠시 휴식 후 시내로 나와 대한항공 사무소에 가서 원래 18일에 출발하기로 했던 항공권을 15일로 변경했다(수수료 30위안).

○ 2004년 8월 14일

09시경에 일어나 여행의 피로를 휴식으로 풀었다. 아침을 뚜장과 요우티아오(1위안)로 해결하고 숙소에서 휴식했다. 오후에 호텔 앞 유리창을 둘러보고 걸어서 유명한 베이징의 골목 후통을 걷고 다시 전문, 천안문 광장까지 걸어가 광장에서 오랜 시간 머물며 중국인들의 모습을 구경했다. 국기 하강식을 보려다 너무 피곤하여 다시 걸어 호텔로 돌아왔다. 동인당에 가서 어머니에게 드릴 우황청심환(200위안)을 구입했다. 저녁은 유명한 베이징 오리(78위안), 맥주(4위안)를 먹고 마시며 중국 여행을 마무리했다.

○ 2004년 8월 15일

05시에 일어나 출발 준비를 하고 베이징역에서 공항 리무진 버스를 타고 베이징 공항으로 이동했다(공항세 90위안). 08시 20분경에 비행기가 이륙하고 11시 10분에 김해에 도착하여 11시 40분에 출발하는 창원행 리무진(4,800원)을 타고 13시에 집에 무사히 도착했다.

■ 2005년 1월 11일~2월 3일
  : 홍콩-선전-핑샹-하노이-훼-호찌민-프놈펜-시엠레아프-방콕

제주도가 고향인 이익빈 선생님과 함께한 중국, 베트남, 캄보디아, 타이 여행이었다. 부산에서 홍콩으로 입국하여 홍콩을 구경하고 지하철로 선전에 갔다. 다시 기차로 핑샹으로 가서 베트남 국경을 지나 하노이에 도착했다. 다시 훼와 다낭, 무이네를 경유하여 호찌민시에 도착했다. 오랜만에 찾은 베트남은 그동안 엄청난 발전을 하여 도로도 잘 만들어졌고 관광객도 넘치고 있었다. 호찌민시에서 사업을 하는 친구인 신점식을 만나 외국에서 친구를 만난 것을 축하했다. 다시 메콩강을 타고 오르는 배를 타고 캄보디아 프놈펜에 도착하고, 다음날 다시 배를 타고 톨레샵 호수를 달려 시엠레아프에 도착했다. 아시아의 세계적인 유적지인 앙코르와트를 다시 구경하고 다시 버스를 타고 타이 방콕에 도착했다. 배낭여행자의 메카인 카오산 로드는 아직도 여행자들로 만원을 이루고 있었다. 특히 2004년 12월 26일에 발생한 쓰나미로 실종된 여행객을 찾는 벽보판이 아직도 카오산 로드의 중요한 곳에 전시되어 있어 그날의 슬픔을 기억나게 했다.

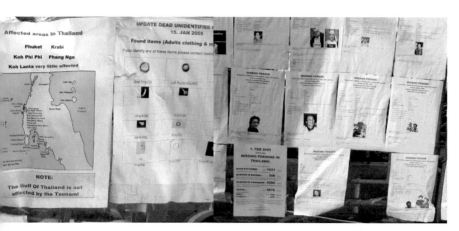

〈2004년 12월 26일. 쓰나미로 실종된 여행객을 찾는 벽보판〉

〈베트남 하롱베이〉

■ 2005년 7월 27일~8월 9일

: 부산-상하이-충칭-장강-이창-우한-구이린-상하이

　어머니와 숙모님, 고모님을 모시고 떠난 중국 여행이었다. 특히 어머님의 나이가 76세였는데 어려운 중국 자유 여행을 무난히 해내셨다. 상하이로 입국하여 상하이역에서 많은 중국인과 같이 기차를 타고 충칭까지 2박 3일 여행을 한 후 충칭에 도착하여 다음 날 장강 유람을 했다. 백제성에서는 어머니만 가마를 타 보셨는데 지금 생각하니 숙모님, 고모님도 태워드릴 것을 후회하고 있다. 어머니와 고모님, 숙모님 모두 행복한 여행을 즐기셨고 어떤 힘든 것도 참고 함께하셨다. 특히 어머님께서 나중에 말씀하셨는데 음식이 맞지 않아 거의 식사를 하지 않았다고 하셨다. 장강 유람을 마치고 이창에서 새벽 버스로 우한으로 이동하여 황학루를 구경하고 다시 구이린으로 갔다. 구이린의 황홀한 산들과 강물을 구경하고 상하이까지 역시 딱딱한 의자인 잉쭈어를 타고 왔다. 어머니는 구이린에서 찍은 즉석 사진을 아직도 어머니 방에 걸어 두고 계신다.

■ 2006년 2월 16일~28일

: 인천-칭다오-타이위안-청두-쿤밍-리장-쿤밍-홍콩-부산

○ 2006년 2월 16일

　인천으로 가서 17시 50분에 출발하는 칭다오행 배를 탔다. 겨울이라 황해로 나오니 파도가 높고 롤링이 심했다. 맥주 한잔하고 잠이 들었다.

○ 2006년 2월 17일

　중국 시각으로 09시 15분에 칭다오에 도착하여 선상 비자를 받았다. 하선 시간도 오래 걸리고 선상 비자를 받는 시간도 오래 소요되어 11시

에 비자를 받고 나와 칭다오역으로 가서 가장 빨리 가는 열차 승차권을 구하니 타이위안으로 가는 11시 50발 열차가 있었다(208위안). 열차를 타고 가면서 닭고기(16위안), 맥주(4위안), 바이주(3위안)로 저녁 식사를 했다.

○ 2006년 2월 18일

06시에 타이위안에 도착했다. 08시 30분에 철로 호텔에서 체크인(98위안)했다. 그리고 역에 가서 충칭으로 가는 열차 승차권(176위안)을 예매했다. 다음은 버스를 타고 남쪽에 있는 핑야오 고성을 둘러보기 위해 버스를 탔다. 1시간이 소요되는 핑야오 고성은 중국의 4대 고성 중의 하나로 과거의 성을 명나라 때 대단한 규모로 공사하여 지금까지도 중국인들이 생활하는 전형적인 성곽 도시. 엄청난 규모의 성과 성안에는 화려한 건축물과 상점, 호텔 등이 있고 과거의 생활상을 지금 그대로 사용하는 고성이다. 고성에 도착하여 입장권(120위안)을 사고 성안이 너무 넓고 커서 인력거(30위안)를 탔다. 인력거를 모는 사람은 나보다 나이가 많았다. 2시간을 구경하고 난 뒤 수고했다고 내가 점심(70위안)을 샀다. 그리고 성벽 같은 사방의 높은 벽 위에 지붕이 있는 초원 위의 쌍림사(30위안)도 구경하고 열차(8위안)로 타이위안으로 돌아왔다.

○ 2006년 2월 19일

아침을 먹고 타이위안 박물관과 순선사를 둘러보고 12시에 체크아웃을 했다. 쌍탑사를 구경하고 13시에 출발하는 기차를 정말 극적으로 탔다. 그 내용은 다음과 같다. 어제 타이위안에 도착한 나는 충칭으로 가는 열차 승차권을 사기 위해 항상 하는 방법인 내가 타야 할 기차, 출발 날짜, 시각, 목적지를 적은 메모장을 보여 주고 서툰 중국말로 승차권을 샀다. 그리고 확인도 하지 않고 지갑에 잘 보관했다. 출발 시간이 되자 많은 중국인을 먼저 타게 하고 나는 열차 출발 2분가량을 남겨 두고 맨 마지막에 검표를 하게 되었다. 그런데 검표원이 내 승차권을 보더니 18일에 출발하는 어제 승차권이라고 하며 도로 돌려주는 것이 아닌가. 순간 중국말로 항의도 못 하니 황당했다. 그러나 순간적으로 이건 잘못되었다고 생각하고 가방을 들고 뛰어 1층 대합실로 뛰어 내려가 안내 완장을 차고 안내하고 있는 직원에게 가서 나의 수첩에 적힌 메모 내용과 승차권을 보여 주며 한국말로 설명("내가 이렇게 적어 열차 승차권을 샀는데 날짜가 틀려 못 타게 되었다. 어떻게 해야 하느냐?")을 급하게 했다. 나의 긴박한 설명을 이해했는지 모르지만 뭐라고 말하고는 바로 나를 데리고 1층 대합실에서 기차가 있는 곳까지 둘이서 뛰어갔다. 기차가 막 출발하려고 하고 있었다. 열차 승무원에게 뭐라고 하고는 나를 무조건 승차시켰다. 순간적으로 일어난 일이었다. 일단 한숨을 돌리고 나의 이야기를 들은 승무원이 당신의 승차권으로는 침대칸으로 갈 수 없고 입석으로 가야 한다고 한다. 한국말로 항의해 보았지만, 소용이 없었다. 할 수 없이 침대 승차권을 얻기 위해 103위안을 더 주었다.

○ 2006년 2월 20일

열차가 밤새 산과 계곡을 지나면서 엄청 높은 지대까지 올라왔는지 07시 30분에 태릉역에 정차하자 주변에 눈이 내려 있었다. 열차가 다시 가릉강을 끼고 아래로 내려갔는데, 주변의 경치가 아름답고 많은 터널을 지나 청두에 19시 20분에 도착했다. 20시에 청두에서 쿤밍으로 가는 열차 승차권(180위안)을 예매했다. 20시 20분에 호텔에서 체크인했다. 호텔 식당에서 늦은 저녁(56위안)을 먹었다.

○ 2006년 2월 21일

09시 12분에 쿤밍으로 출발했다(3객차 15호 상포).

○ 2006년 2월 22일

07시 50분에 쿤밍에 도착했다. 리장의 고성으로 가는 버스 승차권(145위안)을 구입하고 27일 쿤밍에서 홍콩으로 가는 항공권을 예매(1,550위안)했다. 10시에 리장행 버스를 타고 출발하여 18시 40분에 리장에 도착했다. 리장에서 택시를 타게 되었는데 요금으로 23위안이 나왔다.

○ 2006년 2월 23일

세계문화유산인 리장의 고성을 구경했다. 이곳은 만년설의 우룽쉐산에서 내려오는 물을 잘 관리하여 아름다운 마을을 만들어 아직도 사람들이 사는 민속 마을이다. 숙소도 전통 가옥을 호텔로 만들어 관광객을 유치하고 있었다. 그곳의 식당 중에 한국 식당이 있어 우리 음식을 많이 먹을 수 있었다. 민속 마을을 둘러보고 내일 호도협으로 가는 일일 투어를 예매(200위안)했다.

○ 2006년 2월 24일

호도협을 관광했다. 우룽쉐산의 뒤편으로 흐르는 계곡물 사이에 큰 바위가 하나 있는 것을 보는 것인데 그 바위를 뛰어넘은 동물이 호랑이뿐이라 호도협이라고 한다.

○ 2006년 2월 25일

리장 고성에서 쿤밍으로 이동했다.

○ 2006년 2월 26일

쿤밍 시내와 서산에 올라 절벽에 길을 낸 용문으로 내려왔다. 점심은 쿤밍 시내에 있는 '제주도 한식당'에서 먹었다(28위안). 시내를 다니다 쿤밍 종합운동장이 있어 들어가 보니 테니스장이 있었다. 관리인에게 이야기하고 사용료 20위안을 내고 중국인과 단식 경기를 했다.

○ 2006년 2월 27일

09시 30분에 쿤밍을 이륙하여 11시 30분에 홍콩 공항에 도착했다. 홍콩에 도착하여 공항철도(90홍콩달러)로 구룡의 중심지로 이동했다. 게스트하우스에 체크인하고 시내를 구경하고 중심가 건물의 4층에 있는 초밥식당에서 저녁(583홍콩달러)을 먹었다.

○ 2006년 2월 28일

홍콩에서 비행기를 타고 김해로 귀국했다.

■ 2006년 4월 21일~23일
: 부산-후쿠오카-구마모토-아소산-벳푸-후쿠오카-부산

어머니와 함께한 일본 여행이다. 금요일 밤에 배로 출발하여 후쿠오카에 도착하고 다시 기차로 구마모토 유락 사우나에서 잠을 잤다. 유락 사우나 종업원이 나를 알아보고 아주 반가워했다. 21시경에 사우나에서 파는 음식을 저녁 식사로 어머니와 함께 먹었다.

다음 날 기차로 구마모토성과 아소산을 둘러보고 벳푸에서 지옥 순례 온천을 구경하고 호텔에서 잠을 잤다. 그다음 날에는 후쿠오카로 기차로 와서 배로 부산에 도착했다. 이번 여행은 정말 다른 의미가 있었는데 다름이 아니라 우리가 여행을 출발한 금요일 저녁에 외삼촌께서 심장마비로 저세상으로 가신 것이었다. 어머니의 유일한 남동생이셨는데 갑자기 돌아가신 것이었다. 동생의 마지막 가는 길을 챙겨 드리지 못하고 출상 기간 동안 일본에 계신 것이었다. 온 집안에서 이 사실을 어떻게 알려야 어머니께서 충격을 받지 않으실까 고민하고 부산에 도착하니 아내가 마중을 나와 집으로 오는 길에 사실을 전했다. 어머니께서는 너무나 담담하게 결과를 받아들이셨다. 나는 많은 친지에게서 칭찬을 들었다. 그 여행 기간 동안 한국에 있었으면 어머니의 마음이 아파 건강을 해칠 수도 있었을 텐데 내가 모시고 여행을 갔기 때문에 다행이었다고 하셨다.

■ 2006년 7월 16일~29일

　: 인천-위해하이-다롄-선양-하얼빈-치치하얼-장춘-하얼빈-톈진-베이징-부산

　친구 아들 신 찬과 함께한 여행이다. 인천에서 배를 타고 위해하이로 가서 다시 다롄에서 기차로 하얼빈으로 갔다. 북간도 넓은 벌판에는 석유 채취기가 논 가운데에 자주 보였다. 하얼빈에 도착하여 송화강의 맥주 축제장을 보고 삭도를 타고 강을 건너기도 했다. 근대 역사의 중요한 사건인 하얼빈역에서는 안중근 의사의 의거 위치도 확인했다. 하얼빈은 역사적으로 러시아의 중요 거점 도시인 관계로 러시아 건물이 도심을 장식하고 있었다. 치치하얼에도 당일치기로 다녀왔다. 장춘에서는 우리 동포들이 많이 살아 한국말이 잘 통하여 신기했다. 하얼빈에서 베이징으로 가는 열차 승차권을 구하지 못하여 일단 톈진으로 가서 다시 버스로 베이징에 도착했다. 베이징 공항은 아직도 복잡했다.

■ 2007년 1월 16일~25일

　: 부산-방콕-비엔티안-루앙프라방-진홍-쿤밍-서울

　겨울에 따뜻한 남쪽 지방인 방콕으로 날아가 라오스를 경유하여 중국으로 가서 쿤밍에서 서울로 돌아오는 코스로 여행했다. 방콕의 카오산 로드는 더욱 확장되어 많은 배낭여행객이 넘쳐나고 있었다. 방콕에서 버스를 타고 태국 국경을 넘어 라오스 비엔티안으로 갔다. 수도인 비엔티안

을 구경하고 메콩강을 따라 버스를 타고 루앙프라방으로 갔다. 루앙프라방은 라오스 여행자들의 천국이다. 시내의 중심으로 흐르는 메콩강에는 많은 리조트와 방갈로가 즐비하여 여행자들이 휴식을 취하기에 적당하다. 맑은 물에서는 물놀이와 카약과 같은 다양한 놀이를 할 수 있다. 또 루앙프라방 왕궁 박물관 앞 도로의 야시장은 세계적으로 유명한데 좋은 기후로 시장이 365일 열리고 먹거리와 다양한 민속품, 의류, 선물, 기념품 등을 팔고 있다.

나는 코끼리 투어를 했는데 함께하는 사람이 모두 5명이었다. 코끼리 농장에 가는 도중 운전기사와 가이드가 뭔가를 한참 이야기하더니만 결국 코끼리 2마리를 빌려 커플 2팀은 코끼리 등의자에 앉게 하고 나에게 갑자기 코끼리 사육사들이 앉는 코끼리 목에 앉아서 가야 한다고 한다. 오늘 여행자 중에서 가장 나이가 많은 나에게 혼자 온 죄로 코끼리의 목에 앉아야 한다고 하여 흔쾌히 "노 프라블럼!"이라고 외치고 코끼리 목에 앉았다. 드디어 출발하였는데, 코끼리 발의 충격이 온몸에 전해져 와 나는 잡을 곳이라고는 펄럭이는 코끼리 귀밖에 없어 온몸을 코끼리 머리 위로 숙여야 했다. 10분 정도를 긴장하여 앉아 있는데 엉덩이로 코끼리와 교감이 된다. 코끼리가 나를 의식하여 고개도 심하게 숙이지 않고 천천히 발을 잘 움직인다. 코끼리의 날카로운 목털이 엉덩이를 찌르지만, 점차 적응되어 간다. 코끼리는 밀림과 강과 언덕으로 이동했는데 코끼리와 교감하면서 온몸으로 터득한 지혜는 코가 매우 중요하다는 것이다. 왜냐하면 코끼리는 일단 발을 한 발이라도 디디기 위해서는 아주 짧은 순간이지만 코로 안전을 점검하고 오른발을 옮겨서 디딘다. 물속을 걸을 때도 일단 코로 물속의 상황을 파악한 후 발을 디뎠다. 코끼리 트래킹 후 밀림을 걸어서 작은 폭포에서 점심을 먹고 돌아왔다. 다음은 버스로 라오스 국경을 지나 중국 진홍에 도착했다. 진홍 버스 터미널에서 시간 변경(중국은 한 시간 빠르다)을 하지 않아 버스 승차권을 바꾸는 난리를 친 후

18시 야간 버스로 쿤밍에 도착하니 06시였다. 쿤밍 중심가 게스트하우스에 짐을 풀고 시내 구경을 한 후 다음날 시내에서 가장 가까운 쿤밍 공항(20분 소요)에서 비행기로 부산으로 돌아왔다.

■ 2007년 8월 3일~16일
  : 인천-텐진-청더-다퉁-바오터우-베이징-인천

○ 2007년 8월 3일
  창원 버스 터미널에서 인천행 버스 출발(10:00). 인천 도착(15:42). 텐진행 배 출항(21:15).

○ 2007년 8월 4일
  텐진 도착(21:00). 도착 비자 받음(22:00). 공사 중인 텐진역 앞 호텔에서 투숙(23:40).

○ 2007년 8월 5일
  텐진 시외버스 터미널에서 버스를 타고 청더로 출발(07:00). 베이징(09:20)을 경유하여 15시 40분에 청더 도착. 청더 호텔 투숙(16:00, 일일 50위안).

○ 2007년 8월 6일
  피서 산장(90위안) 구경(11:30~15:00). 장자커우행 버스 승차권 예매(38위안).

○ 2007년 8월 7일
  청더 경추봉 구경. 케이블카(42위안), 입장료(25위안). 장자커우로 출발(22:23).

○ 2007년 8월 8일

장자커우 도착(08:00). 타이위엔을 경유하여 다퉁 도착(20:30). 호텔 투숙 3일(120위안).

○ 2007년 8월 9일

다퉁 윈강석굴 구경(60위안).

○ 2007년 8월 10일

현공사로 출발(07:30). 현공사(60위안) 구경(10:30~12:00). 응현 목탑사(60위안) 구경(13:40~15:30). 바오터우행 버스 승차권 예매(75위안).

○ 2007년 8월 11일

다퉁 출발(08:55). 바오터우 도착(15:37). 호텔 투숙 3일(240위안).

○ 2007년 8월 12일

바오터우 황허강이 만든 사막을 구경(입장료 5위안). 케이블카(80위안). 택시를 타고 돌아옴(80위안).

○ 2007년 8월 13일

바오터우 주변의 구곡폭포(20위안) 구경(11:30~14:30).

○ 2007년 8월 14일

바오터우역 출발(07:14). 베이징 도착(20:00). 베이징 유스호스텔 2일 투숙(21:00, 240위안).

○ 2007년 8월 15일

베이징에서 사마타이 장성까지 버스로 이동(09:00~10:30). 사마타이 장성 트레킹(11:00~13:30). 25개의 전망대를 지남. 하산 흔들다리(10위안). 케이블카(30위안). 사마다이에서 출발(17:30). 베이징 도착(21:10).

○ 2007년 8월 16일
베이징에서 출발(09:00). 김해 도착(11:00).

〈『열하일기』에 나오는 피서 산장 청더 경추봉〉　　　〈절벽에 지어진 현공사〉

〈나무로만 지어진 목탑사〉

■ 2010년 8월 7일~17일

: 인천-칭다오-인촨-시안-베이징-부산

　　교감 3년 차. 그동안 업무로 쌓인 스트레스를 풀기 위한 여행이었다. 인천에서 배를 타고 칭다오로 입국하여 열차로 닝샤후이족자치구 성도인 인촨으로 갔다. 영화 촬영소, 하왕릉이 기억에 남는다. 시안으로 이동하여 다양한 꼬치 전문 식당에서 주인 할머니와의 거스름돈의 전쟁이 있었다. 즉, 30위안의 음식을 먹고 50위안 지폐를 지불했는데 20위안을 거슬러 주지 않고 계속 다른 음식으로 계산하려고 하여 40여 분을 기다리고 기다려서 20위안을 받고 나온 것이 생각난다. 여기서 얻은 교훈은 중국인과의 거래에서는 중국인보다 더 '만만디'를 해야 이길 수 있다는 것이다. 베이징 공항이 신축 공사 중이라 출국 심사에 3시간 이상이 소요되었다.

■ 2012년 5월 29일~6월 2일

: 인천-프랑크푸르트-인천

　　교장 연수 과정의 해외 선진학교 탐방의 일환으로 독일로 가게 되었다. 독일 학교들의 교육 과정과 시설들을 둘러보았다. 덤으로 로렐라이 언덕과 운하, 운하 주변의 성도 둘러보았다. 넓고 장대한 들판, 변함없는 운하의 물결, 천천히 변하는 자연 등 이런 자연환경에서 살아가기 위해서는 시간을 죽이는 방법이 저절로 탄생하겠다는 생각이 들었다. 즉, 종교, 천문학, 그림, 조각, 건축, 철학, 과학 등은 엄청나게 시간을 죽여야 결과가 나오는 인류의 유산인 것이다. 독일 전통 음식은 소금 덩어리를 먹는 느낌이라 먹기 어려웠지만 독일에서 마시는 맥주의 맛은 각별했다.

■ 2013년 5월 16일~19일

 : 부산-후쿠오카-부산

 교장 취임 후 학생들과 후쿠오카를 다녀왔다. 잠은 후쿠오카역에서 조금 아래에 있는 웰빙사우나에서 해결했다. 후쿠오카성, 도시 건너편에 있는 씨사이드 공원, 후쿠오카 타워를 둘러보았다. 유명한 포장마차 거리에 가서 엄청 유명한 라면을 먹었는데 소금 덩어리를 먹는 것같이 짠맛밖에는 기억나지 않는다.

■ 2014년 1월 9일~15일

 : 부산-타이베이-예류-가오슝-류추향-타이베이

 한참 〈꽃보다 할배〉라는 TV 프로그램이 유행하고 있어 나도 타이완 구경에 나섰다.

○ 2014년 1월 9일

 김해에서 비행기로 타이완에 도착하여 숙소를 잡고 시내 구경을 하고 중정 기념관, 박물관을 둘러보았다.

○ 2014년 1월 10일

 버스를 타고 예류 지질 박물관이라는 바다 풍경을 보러 갔다. 타이완 북부 바닷가 마을들을 지나는 버스를 타서 도착하는 데 2시간 이상이 소요되었지만, 바닷가를 순례하는 버스에서 바라보는 경치는 마치 제주도에 온 느낌이었다. 예류 지질 박물관 입구에서 2㎞ 정도를 걸어야 유명한 클레오파트라 바위를 만날 수 있다. 관광버스로 온 많은 관광객들이 서로 클레오파트라를 만나려고 했지만, 나는 모든 사람에게 양보하고 천천히 구경하여 혼자 클레오파트라를 만날 수 있었다. 클레오파트라 바위는 언젠가 태풍에 목이 부러진 것을 다시 붙였다는 것을 나중에 내가 찾아냈다. 내가 찍은 사진과 출국 때 타이베이 국제공항에 걸린 사진을 비교하니 엄청난 차이가 있었던 것이다(특히 목 부분이 차이가 심했다). 타이완의 도시 건물이 다른 도시의 건물과 다른 점은 건물의 2층이 인도 쪽으로 나오게 건축되어 비가 많이 오는 타이완의 날씨에도 우산 없이 인도로 걸어 다닐 수 있다는 점이었다.

○ 2014년 1월 11일

버스를 타고 타이중을 경유하여 가오슝으로 이동했다. 타이완에도 우리나라와 같이 겨울에는 비가 많이 내리지 않아 큰 강들이 넓은 강바닥을 보이고 있었다. 여름의 폭우에는 엄청나게 불어난 물이 강에 가득할 것이라 생각되었다.

○ 2014년 1월 12일

가오슝에서 배를 타고 류추향으로 향했다. 이곳은 소류구라 부르기도 한다. 아주 작은 섬인데 많은 리조트가 있는 섬이었다. 숙박비가 너무 비싸 관광 안내소를 찾아가 이야기하니 한 리조트에서 텐트를 빌려준다고 안내해 주었다. 찾아가니 텐트를 바닷가 잔디밭에 설치해 준다. 하룻밤 숙박에 한국 돈으로 5천 원 정도다. 텐트에 짐을 풀고 시내에 가 보려고 하니 종업원이 오토바이에 나를 태우고 섬 일주를 시켜 준다. 감사의 의미로 일과를 마친 후 한잔하자고 하여 20시에 다시 시내로 나가 자기가 잘 가는 길거리 꼬치집에서 둘이서 맥주 파티를 2시간이나 했다. 숙소로 돌아와서 리조트 사장이 리조트에 설치해 놓은 부처님 앞에 시주하고 인사했다.

○ 2014년 1월 13일

　어제 오토바이로 둘러본 길을 다시 한번 걸어서 섬을 일주했다. 섬의 바닷가에는 엄청 화려한 절들이 곳곳에 있었는데 크기도 크지만 화려한 지붕과 용으로 도배한 기둥 등 망망대해를 다녀야 하는 섬사람들의 안녕을 기원하는 의미의 사원이었다. 마지막으로 여객선이 출입하는 항구 방파제에서 시간을 보내고 3㎞ 이상 되는 거리인 숙소까지 걸어서 돌아왔다. 바닷가의 텐트는 밤새 바닷바람으로 흔들려 자는 동안 바람의 자장가를 들어야 했다.

○ 2014년 1월 14일

　아침 일찍 첫 배를 타고 다시 가오슝으로 나와 기차를 타고 타이베이로 돌아왔다.

○ 2014년 1월 15일

　부산으로 비행기를 타고 돌아왔다.

■ 2015년 5월 2일~4일
　: 부산-시모노세키-자쿠치야마 등산-석회암 지대-시모노세키-부산

○ 2015년 5월 2일. 토요일. 맑음

　점심을 집에서 먹고 배낭을 큰 여행용 가방에 넣어 가기로 하고 준비했다. 생각보다 짐이 많아 부산까지 가는 데 고생했다. 14시 30분경에 집을 나와 상남도서관 앞 정류장에서 15시 06분에 출발하는 757번 용원행 직행버스를 타고 용원으로 갔다. 16시에 부산으로 가는 38-1번 버스를 탔다. 16시 40분에 하단역에서 지하철에 승차하여 이후 지하철 중앙역에서 내려서 걸어서 17시 20분에 부산 국제 여객 터미널에 도착했다. 부산 은

행에 가서 가진 돈을 31,000엔으로 환전했다(그 당시 환율 950원. 294,500원 환전). 40분에 가이드 조주원 씨를 만났다. 조주원 씨는 일본 유학파로 일본의 다양한 문화를 잘 설명해 주셨다. 18시경에 일정 설명을 듣고 부산과 시모노세키를 다니는 성희호에 25분에 승선을 완료했다. 내가 갈 곳은 1층에 있는 115호실이었는데 11명이 함께 잠을 자는 3등실이었다. 19시에 저녁 식사, 20시 20분에 샤워를 하고 21시경에 부산 회원이 사 온 족발을 안주로 하여 로비에서 아사히 500cc짜리 캔맥주 4개를 마시고 잠들었다.

○ 2015년 5월 3일. 일요일. 종일 비

05시 30분에 성희호에서 기상하여 06시에 아침 식사를 했다. 여행 가방 속에 든 등산 배낭에 오늘 등산을 위한 짐 정리를 철저히 하고 07시 45분에 하선을 마치고 출국 수속을 받았다. 여권 제시와 양손의 검지를 지문 인식하고 얼굴 사진을 찍는 등 엄격하게 입국 수속을 받았다. 09시에 2호 버스에 승차하여 이와쿠니로 이동했다. 시모노세키에서 고속도로를 타고 첫 번째 휴게소에서는 소변만 보고 두 번째 휴게소에서는 도시락으로 점심을 먹고 판매대에서 커피, 빵, 음료수(442엔)를 샀는데 먹고 신물이 올라오고 소화가 안 되어 등산 내내 고생했다. 11시 40분에 소나무고개에 도착하여 오른쪽으로 등산을 시작했다. '피크 910m—데라도코야마—전망 피크—칸무리야마 분기—오오누마산—자쿠치야마(寂地山) 정상 1,337m(13:50)' 순으로 일정을 진행했고. 멋진 폭포를 많이 보면서 하산했다(16:30).

등산하면서 일본 등반팀을 만났는데 학생들의 등반은 일정한 간격을 사이에 두고 줄을 지어 한 명의 이탈도 없이 규정에 맞는 옷을 입고 걷고 있었고, 일반인들은 조금은 흐트러졌지만, 일렬로 가면서 숫자를 입으로 부르며 회원의 이탈을 확인하고 있는 모습을 볼 수 있었다. 출발하여 얼마 지나지 않아 비가 내려 걱정했으나 그냥 비를 맞고 걸었다. 등산길 내내 양옆으로는 편백, 삼나무 등의 조림 나무들이 울울창창 우거져 있었으며 손질을 한 등산로 양쪽은 한 발짝도 들어갈 수가 없었다. 얼레지 군락과 엉겅퀴, 단풍나물 등의 야생화를 볼 수 있었다. 완만한 길을 계속 걷다가 약간의 고개를 몇 개 넘었지만, 우리나라의 깔딱고개 정도는 아니었고 지리산 둘레길 수준의 길이 계속 이어졌다. 그리고 마루에 올랐지만, 전망을 전혀 볼 수가 없었다. 모든 길, 심지어 정상에도 숲이 우거져 조망할 수 있는 곳이 없었다. 13시 50분에 정상에서 인정 사진을 찍고 한참을 내려오니 인공 동굴이 있고, 바로 좌측으로 꺾어 절벽을 내려가니 폭포가 이어져 절경을 이루고 있었다. 비가 계속 내려 가지고 온 옷과 배낭이 젖고 사진을 찍으려고 해도 휴대폰에 물이 들어갈까 봐 사진을 많이 찍지 못했다. 하산 후에도 비가 계속 내려 차 안에서 옷을 갈아입고 17시경에 모두 안전하게 하산했다. 우리는 다시 2호 차를 타고 3시간 정도를 달려 시모노세키와 규슈를 연결하는 다리를 건너 야하타 카메노이 호텔에 20시 20분에 도착했다. 방 배정을 받고 식사를 마친 뒤에 차를 타고 'SSS(SEA SIDE SPA)'로 이동하여 22시 10분까지 온천욕을 즐기고 야하타역 앞으로 이동하여 '어민'이라는 선술집에서 한잔 더하고 호텔로 와서 맥주 2캔을 마시고 휴식을 취했다.

○ 2015년 5월 4일. 월요일. 재량 휴업. 흐린 후 맑음

06시에 기상하여 07시에 아침 식사로 낫토와 빵, 기타 음식을 푸짐하게 많이 먹었다. 08시 30분에 호텔을 출발하여 혼슈로 넘어와 고속도로를 타고 야마구치 일본 최대의 석회암지대 아키요시다이를 관광했다(09:00~10:50). 이곳은 석회암 고원으로 석회암 덩어리가 꽃처럼 무리 지어 있었으며 전망대에서 바라보니 석회암 지역에는 나무가 없고 초원지대 같이 구릉만 연결되어 있었다. 특히 석회암 지대가 아닌 곳에는 숲이 우거져 비교가 되었다. 그리고 돌리네, 우발레같이 함몰된 부분이 선명하

게 나타나며 이를 통해 비로소 멀리까지 조망할 수 있는 지역이었다. 지금은 국립공원으로 지정되어 천연기념물로 보호되고 있어 많은 일본인이 관광하고 있었다. 다행히 비가 그치고 햇볕이 나서 비로소 관광하기 좋게 되었다. 다시 버스를 타고 10분을 이동하여 석회암 대지 아래를 형성하고 있는 아키요시 동굴을 구경했다(11:00~11:50). 동굴의 길이가 1㎞에 이르고 사계절 평균 기온이 17도로 시원하여 구경하기 좋다. 석순, 종유석, 석주 등을 구경하기 좋다. 많은 일본인이 구경을 와서 이름난 곳이라고 생각되었다. 동굴 중앙쯤에는 많은 물이 흘러내려 계곡을 이루어 장관을 연출했다. 흐르는 물을 따라 출구로 나오니 선물 가게가 줄지어 있었다. 버스를 타고 다시 시모노세키로 이동하여 뷔페식당에서 점심을 먹었다(13:00~14:00). 서울 명산 트레킹에서 데리고 온 산행 대장과 함께 식사했다. 가이드가 욕심을 부리지 말라고 했는데도 많은 음식을 가져와 결국 남게 되어 먹고 난 뒤에 마음이 좋지 않았다. 다음은 면세점으로 이동했으나 구경만 하고 나왔다. 그리고 규슈 나가사키와 더불어 서구 문명 도입의 입구가 되어 메이지유신의 발발 무대가 되었고, 도요토미 히데요시와 이토 히로부미가 태어나고 자란 사무라이 마을을 걸으며 구경했다. 사찰 코우잔지, 사무라이 모리의 집 등이 있는 조후 마을도 방문했다(14:30~15:20). 다음은 고대 문화의 발상지이자 한반도에서 흘러간 우리나라 사람들이 도착한 아카마신궁과 조선통신사 상륙 기념비를 방문했다(16:00~17:00). 그리고 우리가 내린 국제 부두에 도착하여 국제 부두 앞 쇼핑센터 다이소에서 쇼핑을 했다(17:59, 3,240엔). 시모노세키역 앞 쇼핑몰에서 파스 큰 것 4개(3,920엔), 작은 것 3개(2,940엔)를 사가지고 도착했다(18:30). 출국 수속을 마치고 승선하여 바로 저녁을 먹고 맥주를 한잔 더 마시고 취침했다.

○ 2015년 5월 5일. 화요일. 어린이날. 맑음

　05시 기상. 부산 오륙도 앞에 정박하여 일출을 구경했다. 아침을 07시에 먹고 08시에 하선하여 08시 45분에 나와 중앙역으로 갔다. 지하철을 타고 하단으로 가서 58-2번 버스를 타고 용원으로 갔다. 다시 757번 버스를 타고 집에 도착했다(11:20).

■ 2015년 8월 13일~16일
　: 부산-시모노세키-벳푸-유후-시모노세키-부산

○ 2015년 8월 13일. 목요일. 맑음

　14시 30분에 이성윤 친구가 멋진 폼으로 준비를 하고 남산 버스 대합실로 들어왔다. 각자 버스 승차권을 컴퓨터로 구입하여 사상터미널로 이동했다. 그리고 다시 지하철을 타고 중앙역에 도착하여 16시에 국제항터미널에 도착하여 배를 타고 환전(400,000원, 40,000엔)을 하고 17시 30분에 출국 수속을 마쳤다. 18시에 하마유호에서 저녁 식사와 맥주를 마시고 놀다가 취침했다.

○ 2015년 8월 14일. 금요일. 맑음(날씨 좋음)

　시모노세키해협으로 배가 이동하는 가운데 06시에 기상했다. 목욕 후 아침 식사를 일본 정식으로 먹고 07시 45분에 하선했다. 출국 수속 후에는 걸어서 시모노세키역으로 이동하여 성윤이와 의논하여 결정한 유후인으로 가기로 했다. 일단 벳푸까지 열차로 이동한 후 버스를 타고 유후인으로 가기로 하고 승차권을 받았는데 일반 열차와 특급 열차 승차권 두 장을 받았다. 그런데 갑자기 친구가 승차권을 판 아가씨에게 항의하니 아가씨는 말도 안 통하는데 큰소리로 따지니 정신이 없는 듯 엄청나게 당황해했다. 내가 승차권을 보니 시모노세키에서 코쿠라(소창)까지는 일반 요금이고 코쿠라(소창)에서 벳푸까지는 특급열차로 1,230엔이 더 추가되는 승차권인데 영문을 모르는 친구가 큰소리로 항의한 것이었다. 내가 겨우 말려 시간에 맞추어 일단 승차하고 출발하니 바로 해저터널 구간으로 열차가 진입하였다. 소창에 도착하니 열차가 바로 있어 타고 벳푸로 향했다. 좋은 날씨에 멋진 일본의 시골 풍경과 정갈한 경치에 감탄하고 또 감탄했다. 벳푸에 도착하니 친구가 온 김에 벳푸도 구경하고 싶다고 하여 지옥 순례를 알아보니 다행히 버스를 지옥 순례 후에 타면 유후인으로 갈 수 있게 되어 있었다. 버스를 타고 11시경 지옥 순례의 시작점인 해지옥 앞에 도착하여 점심을 먹고 친구는 지옥 순례 순환 버스를 타고 구경을 시작하고 나는 걸어서 지옥 순례 코스를 다니면서 사진을 찍었다. 철륜 정류장에서 만나기로 하고 휴식을 취하면서 유후인으로 가는 버스를 알아보니 14시에 철륜구에서 승차할 수 있다고 했다. 13시 30분에 친구가 도착하더니 서로 3㎞ 정도 간격을 두고 떨어진 곳에 있는 용권지옥과 백지옥에 가 봐야겠다기에 다시 버스를 타고 함께 갔다. 용권지옥은 간헐천으로 옛날 내가 처음으로 와서 보고 놀란 그곳이었다. 용권지옥에서 간헐천이 분출하기를 기다리니 13시 55분에 분출했다. 급히 사진을 찍고 택시를 타고 철륜구로 달려가니 시간이 이미 14시를 지났다. 그런데 마침 버스가 손님을 태우고 막 출발하려고 하고 있어 택시를 이용하여 버스를 막고 겨우 승차했다. 정말 간발의 차이로 버스를 타고 고개를 올라가니 케이블카가 보인다. 친구가 내리자고 하여 내리니 즈루미이었다. 1,375m 중 1,300m까지는 케이블카를 운행하여 타고 올라가 벳푸 시내와 산악 경치를 구경하고 내려와 기다리니 유후인행 버스가 와서 야마나미 고속도로를 타고 유후인에 도착하니 16시 20분이었다. 그런데 친구가 모자를 버스에 두고 내려 버스 터미널 안내인에게 연락하니 우리가 타고 온 버스가 17시 30에 다시 유후인으로 온다고 하여 역 주변을 관람하고 17시 30분에 도착한 버스에서 모자를 찾았다. 숙소를 알아보니 유후인역 앞 안내소에서 적당한 가격과 온천을 연결시켜 주고 있었다. 이요토미 여관을 추천받아 걸어서 10분 정도를 가니 오래되고 조용한 온천 여관에 도착할 수 있었다. 2층 다다미실에 여장을 풀고 저녁 식사를 위해 이동하다가 큰 쇼핑센터가 있어 들어가서 각자 맛있는 도시락을 샀다. 친구는 벤또(670엔), 나는 스시와 과일(3,100엔)을 구입했다. 여관에서 오랫동안 친구의 가정사와 성장 과정을 들으며 식사와 온천을 즐기고 휴식을 취했다.

○ 2015년 8월 15일. 토요일. 맑음(날씨 좋음). 해방 70주년이 된 날

　유후인 이요토미 여관에서 06시에 기상하여 친구와 여관에 있는 노천 온천에 가서 목욕과 사진을 찍고 친구는 휴식하고 나는 아침 산책을 나왔다. 유후인역 앞 버스 터미널에 가서 아소로 가는 버스 시간표를 보니 09시와 14시 50분, 총 2대가 있었다. 주택가를 지나오면서 우리나라의 꽈리와 비슷한 화초가 있어 씨를 받아서 돌아왔다. 08시에 시작되는 아침을 급하게 먹고 서둘러 체크아웃을 하고 08시 45분에 출발하여 겨우 09시에 버스를 탈 수 있었다. 유후인에서 아소역까지는 야마나미 고속도로로 1,000m 고지 이상 높은 곳의 도로라 멋진 초원과 삼나무 숲을 통해 굉장한 경치를 제공하고 있었다. 주변 경치가 정말 멋진 고속도로에서는 많은 오토바이와 자가용들이 끊임없이 드라이브를 즐기고 있었다. 드디어 아소역에 도착해서 역 바로 옆에 아소산 관람 버스 승차장이 있어 편하게 승차권을 준비하고 기다리니 버스가 왔다. 버스는 분화구 입구까지 20여 분간 멋진 경치를 제공하면서 계속 높이 올라간다. 고메즈카 기생화산, 화산 박물관 앞 쿠사센리가하마 분화구와 초원 지역에서는 승마가 한창이었다. 아소산 정상에 도착하니 분화구에는 계속하여 흰 연기가 올라오고 가끔 바람결에 실려 유황 냄새가 났다. 화산 폭발 위험으로 인해 접근이 중지되어 있었다. 1993년에 와서 분화구를 보지 못했으면 평생 보지 못했을 것이다. 그리고 그동안 분출한 화산재가 도착 지점 주변에 수

북하게 쌓여 있어 자주 화산재를 분출했다는 것을 증명하고 있었다. 다시 내려와 아소역에서 구마모토로 이동하는 열차를 타고(스위치백 코스도 있었다) 점심은 열차 안에서 판매하는 도시락으로 먹고 구마모토에 14시 30분에 도착했다. 친구에게 구마모토성을 관람하는 방법을 설명하고 버스를 태워 보내고 나는 구마모토역에서 친구를 기다렸다. 17시 30분에 구경을 마친 친구가 헐레벌떡 도착하고 일반 열차로 후쿠오카로 가기로 하여 승차권을 사고 보니 17시 57분에 출발이었다. 힘들게 제시간에 맞추어 열차에 올랐다. 신칸센으로는 40분 정도 소요되는 거리를 일반 열차로 2시간 동안 타고 가면서 일본의 도시와 시골을 다 구경할 수 있었다. 19시 40분에 후쿠오카에 도착하고 어두워진 거리를 한참을 헤맨 후 웰빙 올나이트 사우나에 도착했다. 잠은 매트리스가 아닌 캡슐에서 자기로 하고 입장권을 사니 한 사람당 4,100엔이었다. 저녁 식사를 하기 위해 잠시 나와 겨우 포장마차를 찾아 친구는 유명한 우동, 나는 꼬치를 먹었는데 가격이 생각보다 많이 나와 실망했다. 나는 다시 스시집으로 가서 스시를 2,500엔, 사케 980엔에 먹고 웰빙사우나로 돌아오니 친구는 사우나에 들어가지 않고 담배를 피우며 밖에서 나를 기다리고 있었다. 함께 체크인하고 들어가 목욕을 하니 친구는 기분이 좋아 멋지다고 흥에 겨워했다. 24시경에 캡슐에 들어가 편안하게, 깊이 잠들었다.

○ 2015년 8월 16일. 일요일. 맑음(무더위)

웰빙사우나 캡슐에서 어젯밤을 멋지게 보내고 06시에 기상했다. 06시 30분에 무료로 제공되는 식사를 하고 후쿠오카역으로 이동하여 버스 309번을 타고 하카타 타워로 이동했다. 09시 30분에 타워가 개장하여 친구는 표를 사서 올라가고 나는 해변으로 가서 시간을 보냈다. 구경하고 나온 친구를 다시 해중도 리조트행 고속 배에 10시 30분에 태워서 보내고 나는 부두 앞 방파제에서 감성돔 낚시를 하는 모습을 구경했다. 11시

반에 만나 버스를 타고 다시 후쿠오카역으로 돌아와 역 안내원의 도움으로 급히 시모노세키로 가는 승차권을 구입하고 뛰어서 2번 게이트로 가니 바로 열차가 와서 승차할 수 있었다. 코쿠라역에서 다시 열차를 바꿔타고 시모노세키로 가야 한다는 안내원의 이야기를 정확하게 듣지 못하여 1시간 동안 친구는 안절부절못했다. 나는 걱정하지 말고 조용히 가자고 했으나 역시 어쩔 줄 몰라 하다가 한참 뒤에야 진정했다. 드디어 코쿠라(소창)역에 도착하니 14시 02분이었다. 14시 22분발 시모노세키행 열차를 타기 위해 기다리면서 승차장에 있는 소바를 사 먹고(추억의 우동인데 우리나라에서는 없어졌지만, 일본에서는 아직 활발하게 장사를 하고 있었다) 승차하고 15시경 시모노세키에 드디어 도착했다. 역에 비치된 안내 책자를 참고로 하여 아카마신궁으로 버스를 타고 이동하여 둘 다 부모님 생각에 많은 이야기를 나누고 시모노세키조약 헌장(중국 대표 이홍장과 일본 대표 이토 히로부미가 체결했다)의 어처구니없는 안내문도 읽고 하면서 관람 후 시간이 남아 걸어서 국제선 터미널로 이동했다. 걸어가면서 시모노세키 어시장과 놀이기구 등 많은 것들을 보면서 걷기를 잘했다고 생각했다. 17시에 터미널에 도착하고 승선권을 사고 18시 30분에 승선하여 저녁에는 순두부찌개와 맥주를 함께 먹고 마시며 110호 동료인 프랑스인 친구와 이야기를 나눈 후 22시 40분에 취침했다.

○ 2015년 8월 17일. 월요일. 맑음

　어젯밤에 마신 맥주로 인해 밤새 두 번이나 화장실을 다녀왔다. 06시 30분에 기상했다. 110호의 침구를 정리하고 세면장에서 목욕하고 하선 준비를 하니 08시에 하선이 시작된다. 친구는 어제 이야기되었던 대로 보따리 장사를 하는 여사에게서 받은 술과 담배를 가지고 입국장을 빠져나와 수수료로 30,000원을 받았다. 08시 20분에 택시를 타고 사상터미널로 이동하여 우동으로 아침을 먹고 09시 09분에 창원행 버스를 타고 집으로 돌아와 짐을 정리하고 다시 학교에 도착하니 10시 40분이었다.

■ 2016년 1월 7일~10일
: 부산-시모노세키-벳푸-유후인-아소산-시모노세키-부산

　2015년 8월에 이미 다녀온 여정으로 어머니, 우리 부부, 큰누나, 남동생과 함께 겨울 온천 여행을 했다.

■ 2016년 3월 7일~5월 29일
: 중국, 카자흐스탄, 러시아

○ 3월 7일. 월요일. 맑음(봄 날씨): 창원―경주
○ 3월 8일. 화요일. 흐림: 경주 석굴암 부처님 참배―서울
○ 3월 9일. 수요일. 맑음(추위): 서울
○ 3월 10일. 목요일. 맑음(추위): 서울―인천
○ 3월 11일. 금요일. 맑음: 칭다오
○ 3월 12일. 토요일. 맑음: 칭다오―지모 고성
○ 3월 13일. 일요일. 밤새 비 온 후 맑음: 칭다오―지닝
○ 3월 14일. 월요일. 맑음: 지닝
○ 3월 15일. 화요일. 흐림: 지닝―쩌우청―지닝
○ 3월 16일. 수요일. 맑음: 지닝
○ 3월 17일. 목요일. 흐림: 지닌―웨이산―쉬저우
○ 3월 18일. 금요일. 안개(맑음): 쉬저우
○ 3월 19일. 토요일. 맑음(봄이 왔음): 쉬저우―화이안
○ 3월 20일. 일요일. 맑음: 화이안―전장
○ 3월 21일. 월요일. 맑음: 전장―양저우―전장
○ 3월 22일. 화요일. 맑음: 전장―쑤저우

○ 3월 23일. 수요일. 추워짐: 쑤저우

○ 3월 24일. 목요일. 맑음: 쑤저우

○ 3월 25일. 금요일. 맑음: 쑤저우—항저우—툰시

○ 3월 26일. 토요일. 흐린 후 비: 툰시

○ 3월 27일. 일요일. 맑음: 황산

○ 3월 28일. 월요일. 맑음: 황산

○ 3월 29일. 화요일. 맑음: 툰시—허페이

○ 3월 30일. 수요일. 맑음: 허페이

○ 3월 31일. 목요일. 맑음: 허페이

○ 4월 1일. 금요일. 맑음: 허페이—우한—웨양

○ 4월 2일. 토요일. 맑음(무더위): 웨양—창사

○ 4월 3일. 일요일. 비 온 후 흐림: 창사

○ 4월 4일. 월요일. 맑음: 웨양(청명절)

○ 4월 5일. 화요일. 비: 웨양—청두

○ 4월 6일. 수요일. 비 온 후 갬: 청두

○ 4월 7일. 목요일. 맑음: 청두—주자이거우

○ 4월 8일. 금요일. 비-맑음-흐림-비: 주자이거우

○ 4월 9일. 토요일. 맑음: 주자이거우—청두

○ 4월 10일. 일요일. 맑음: 청두—러산

○ 4월 11일. 월요일. 맑음: 러산 따불

○ 4월 12일. 화요일. 맑음: 러산—칸딩

○ 4월 13일. 수요일. 맑음: 칸딩

○ 4월 14일. 목요일. 맑음: 칸딩—파탕

○ 4월 15일. 금요일. 비 온 후 맑음: 파탕

○ 4월 16일. 토요일. 맑음: 파탕—바이위

○ 4월 17일. 일요일. 맑음: 바이위—더거

○ 4월 18일. 월요일. 폭설: 더거—마간—스취—위수

교장 선생,
배낭 메고 세상과 만나다

○ 4월 19일. 화요일. 폭설: 위수—부동첸, 맑음: 거얼무

○ 4월 20일. 수요일. 맑음: 거얼무

○ 4월 21일. 목요일. 맑음: 거얼무—둔황

○ 4월 22일. 금요일. 맑음: 둔황

○ 4월 23일. 토요일. 맑음: 둔황—하미

○ 4월 24일. 일요일. 맑음: 하미—우루무치

○ 4월 25일. 월요일. 맑음: 우루무치

○ 4월 26일. 화요일. 맑음: 우루무치

○ 4월 27일. 수요일. 맑음: 우루무치—알마티

○ 4월 28일. 목요일. 맑음: 알마티

○ 4월 29일. 금요일. 비가 오락가락 내림: 알마티

○ 4월 30일. 토요일. 비 온 후 흐림: 알마티

○ 5월 1일. 일요일. 맑음: 알마티

○ 5월 2일. 월요일. 맑음: 알마티—투르키스탄

○ 5월 3일. 화요일. 맑음: 투르키스탄 사우란 유적지

○ 5월 4일. 수요일. 맑음: 투르키스탄—악토베

○ 5월 6일. 금요일. 맑음: 악토베—아트라우

○ 5월 7일. 토요일. 맑음: 아트라우

○ 5월 8일. 일요일. 맑음: 아트라우—아스트라한

○ 5월 9일. 월요일. 맑음: 아스트라한

○ 5월 10일. 화요일. 맑음: 아스트라한—볼고그라드

○ 5월 11일. 수요일. 맑음: 볼고그라드—사라토프

○ 5월 12일. 목요일. 맑은 후 비: 사라토프

○ 5월 13일. 금요일. 비: 사라토프—사마라

○ 5월 14일. 토요일. 맑음: 사마라, 흐렸다가 비: 우파

○ 5월 15일. 일요일. 맑음: 우파

○ 5월 16일. 월요일. 맑음: 우파—첼랴빈스크

○ 5월 17일. 화요일. 맑음: 첼랴빈스크

　이르쿠츠크행 열차 출발(20시 40분)

○ 5월 18일. 수요일. 맑음: 열차 안

○ 5월 19일. 목요일. 맑음: 열차 안

○ 5월 20일. 금요일. 맑음: 03시 32분 이르쿠츠크 도착—알혼섬

○ 5월 21일. 토요일. 맑음: 알혼섬 관광

○ 5월 22일. 일요일. 맑음: 알혼섬

○ 5월 23일. 월요일. 맑음: 알혼섬 낚시

○ 5월 24일. 화요일. 맑음: 알혼—이르쿠츠크—블라디보스토크 열차(21시 22분발) 탑승

○ 5월 25일. 수요일. 맑음: 열차 안

○ 5월 26일. 목요일. 맑음: 열차 안

○ 5월 27일. 금요일. 맑음: 13시 30분에 블라디보스토크 도착

○ 5월 28일. 토요일. 맑음: 블라디보스토크

○ 5월 29일. 일요일. 맑음: 블라디보스토크—서울—창원

■ 2016년 9월 20일~2017년 1월 19일

: 중국, 키르키스탄, 러시아, 핀란드, 스웨덴, 노르웨이, 덴마크, 독일, 벨기에,

네델란드, 영국, 북아일랜드, 아일랜드, 프랑스, 스페인, 이탈리아, 그리스

① 2016년

○ 9월 20일. 화요일. 맑음: 창원—인천

○ 9월 21일. 수요일. 맑음: 칭다오—시안

○ 9월 22일. 목요일. 맑음: 시안—정저우

○ 9월 23일. 금요일. 맑음(무더위): 정저우

○ 9월 24일. 토요일. 흐림: 정저우

○ 9월 25일. 일요일. 많은 비 온 후 갬: 정저우

○ 9월 26일. 월요일. 맑음: 정저우—인촨

○ 9월 27일. 화요일. 비 온 후 갬: 인촨

○ 9월 28일. 수요일. 맑음: 인촨

○ 9월 29일. 목요일. 맑음: 둔황으로 가는 열차 안

○ 9월 30일. 금요일. 맑음: 거얼무—뤄창

○ 10월 1일. 토요일. 맑음: 뤄창—체모

○ 10월 2일. 일요일. 맑음: 체모—허텐

○ 10월 3일. 월요일. 맑음: 허텐—카스 사막

○ 10월 4일. 화요일. 맑음: 카스

○ 10월 5일. 수요일. 맑음: 카스

○ 10월 6일. 목요일. 맑음: 카스

○ 10월 7일. 금요일. 맑음: 카스—카라쿠리호수

○ 10월 8일. 토요일. 맑음: 카스

○ 10월 9일. 일요일. 맑음: 카스

○ 10월 10일. 월요일. 맑음: 카스—오시

○ 10월 11일. 화요일. 맑음: 오시

○ 10월 12일. 수요일. 맑음: 오시

○ 10월 13일. 목요일. 맑음: 오시—비슈케크

○ 10월 14일. 금요일. 눈: 비슈케크

○ 10월 15일. 토요일. 맑음: 비슈케크

○ 10월 16일. 일요일: 맑음: 비슈케크—모스크바

○ 10월 17일. 월요일. 흐림: 모스크바

○ 10월 18일. 화요일. 흐림: 모스크바

○ 10월 19일. 수요일. 흐림: 모스크바

○ 10월 20일. 목요일. 흐림: 모스크바

○ 10월 21일. 금요일. 흐림: 모스크바—상트페테르부르크

○ 10월 23일. 일요일. 흐린 후 맑음: 상트페테르부르크

○ 10월 24일. 월요일. 맑음: 상트페테르부르크

○ 10월 25일. 화요일. 흐림: 상트페테르부르크 눈: 헬싱키

○ 10월 26일. 수요일. 흐림: 헬싱키

○ 10월 27일. 목요일. 비: 헬싱키

○ 10월 28일. 금요일. 흐림: 헬싱키―로바니에미

○ 10월 29일. 토요일. 맑음: 로바니에미 산타 마을

○ 10월 30일. 일요일. 맑음: 로바니에미―키루나

○ 10월 31일. 월요일. 맑은 후 흐림: 키루나

○ 11월 1일. 화요일. 맑음: 키루나―나르비크―파오스케

○ 11월 3일. 목요일. 눈: 트론헤임

○ 11월 4일. 금요일. 눈: 외스테르순드 눈

○ 11월 5일. 토요일. 눈: 외스테르순드―스톡홀름

○ 11월 6일. 일요일. 눈: 스톡홀름

○ 11월 7일. 월요일. 눈: 스톡홀름

○ 11월 8일. 화요일. 눈: 스톡홀름―오슬로

○ 11월 9일. 수요일. 눈 온 후 맑음: 오슬로

○ 11월 10일. 목요일. 맑음: 오슬로

○ 11월 11일. 금요일. 맑음: 오슬로―플롬

○ 11월 12일. 토요일. 흐림: 플롬―베르겐

○ 11월 13일. 일요일. 흐리고 비: 베르겐

○ 11월 14일. 월요일. 비: 베르겐―피오르 라인

○ 11월 15일. 화요일. 흐림: 코펜하겐

○ 11월 16일. 수요일. 흐림: 코펜하겐

○ 11월 17일. 목요일. 맑음: 코펜하겐

○ 11월 18일. 금요일. 맑음: 코펜하겐―함부르크

○ 11월 19일. 토요일. 맑음: 함부르크, 비: 베를린

○ 11월 20일. 일요일. 맑음: 베를린

○ 11월 21일. 월요일. 맑음: 베를린

○ 11월 22일. 화요일. 맑음: 베를린―바르샤바

○ 11월 23일. 수요일. 맑음: 바르샤바

○ 11월 24일. 목요일. 맑음: 바르샤바

○ 11월 25일. 금요일. 흐림: 바르샤바―프라하

○ 11월 26일. 토요일. 흐림: 프라하

○ 11월 27일. 일요일. 맑음: 프라하

○ 11월 28일. 월요일. 맑음: 프라하―뮌헨

○ 11월 29일. 화요일. 맑음: 뮌헨

○ 11월 30일. 수요일. 맑음: 뮌헨―빈―뮌헨

○ 12월 1일. 목요일. 흐림: 뮌헨―쾨른

○ 12월 2일. 금요일. 흐림: 쾨른―브뤼셀

○ 12월 3일. 토요일. 맑음: 브뤼셀

○ 12월 4일. 일요일. 맑음: 브뤼셀―암스테르담

〈안네 프랑크의 집〉

○ 12월 5일. 월요일. 맑음: 브르헤, 오스테드, 브뤼셀

○ 12월 6일. 화요일. 맑음: 브뤼셀―런던

〈브뤼셀—런던 유로스타 승차권〉

○ 12월 7일. 수요일. 맑음: 런던

○ 12월 8일. 목요일. 흐림: 런던(윔블던 테니스 경기장 방문)

○ 12월 9일. 금요일. 맑음: 런던—브리스톨

○ 12월 11일. 일요일. 맑음: 브리스톨—바스

○ 12월 12일. 월요일. 비: 바스—요크

○ 12월 13일. 화요일. 맑음: 요크

○ 12월 14일. 수요일. 맑음, 저녁에는 비: 요크—에든버러

○ 12월 15일. 목요일. 맑음: 에든버러

○ 12월 16일. 금요일. 맑음: 에든버러—더블린

○ 12월 17일. 토요일. 맑음: 더블린

○ 12월 18일. 일요일. 맑음: 더블린—코크

○ 12월 19일. 월요일. 맑음: 더블린

○ 12월 20일. 화요일. 맑은 후 비: 웨스트포트

○ 12월 21일. 수요일. 비, 흐림, 비: 더블린—파리

○ 12월 22일. 목요일. 흐림: 파리 에펠탑, 테니스

○ 12월 23일. 금요일. 흐림: 파리 시내

○ 12월 24일. 토요일. 맑음: 파리 루브르 박물관, 샹젤리제, 개선문

- 12월 25일. 일요일. 맑음: 파리—상마루
- 12월 26일. 월요일. 맑음: 상마루—몽셀미셸
- 12월 27일. 화요일. 맑음: 상마루—보르도
- 12월 28일. 수요일. 맑음: 똘레오, 보르도
- 12월 29일. 목요일. 맑음: 보드로—마드리드
- 12월 30일. 금요일. 맑음: 마드리드
- 12월 31일. 토요일. 맑음: 마드리드—쿠엥카—마드리드

② 2017년

- 1월 1일. 일요일. 맑음: 마드리드—바르셀로나
- 1월 2일. 월요일. 맑음: 바르셀로나
- 1월 3일. 화요일. 맑음: 바르셀로나
- 1월 4일. 수요일. 맑음: 바르셀로나—니스
- 1월 5일. 목요일. 맑음: 니스
- 1월 6일. 금요일. 맑음: 니스—베네치아
- 1월 7일. 토요일. 맑음: 베네치아
- 1월 8일. 일요일. 맑음: 베네치아 피사 피렌체
- 1월 9일. 월요일. 맑음: 피렌체
- 1월 10일. 화요일. 맑음: 피렌체—로마
- 1월 11일. 수요일. 맑음: 로마
- 1월 12일. 목요일. 흐림, 비: 로마—폼페이 흐림 비
- 1월 13일. 금요일. 맑음: 로마—바리
- 1월 14일. 토요일. 맑음: 지중해—아테네
- 1월 15일. 일요일. 맑음: 아테네
- 1월 16일. 월요일. 맑음: 아테네
- 1월 17일. 화요일. 맑음: 아테네 15시 40분 이륙.
  16시 25분 로마 다빈치 공항 도착. 22시 30분경 다빈치 공항 이륙
- 1월 18일. 수요일. 맑음: 17시 30분 인천 도착, 22시 30분 집 도착

■ 2017년 4월 1일~11일

: 중국 상하이-창사-웨양-장자지에-쑤저우-상하이

○ 4월 1일. 토요일. 맑음: 창원—김해—상하이—23시 웨양

○ 4월 2일. 일요일. 맑음: 웨양

○ 4월 3일. 월요일. 맑음: 웨양 군산도

○ 4월 4일. 화요일. 맑음: 웨양—장자지에

○ 4월 5일. 수요일. 흐림: 장자지에

○ 4월 6일. 목요일. 맑음: 장자지에

○ 4월 7일. 금요일. 흐림: 천문산 관광 후 열차로 쑤저우로 출발

○ 4월 8일. 토요일. 맑음: 열차에서 기상, 14시경 쑤저우 도착

○ 4월 9일. 일요일. 맑은 후 비: 쑤저우 타이후 구경

○ 4월 10일. 월요일. 비: 쑤저우—상하이

○ 4월 11일. 화요일. 맑음: 상하이—귀가

■ 2018년 6월 29일~8월 24일

: 중국, 러시아, 몽골

○ 6월 29일. 금요일. 흐림: 인천
○ 6월 30일. 토요일 맑음(무더위): 중국 칭다오

○ 7월 1일. 일요일. 맑음(무더위): 칭다오—창사
○ 7월 2일. 월요일. 맑음(무더위): 창사
○ 7월 3일. 화요일. 무더위: 창사 마왕퇴 유적지
○ 7월 4일. 수요일. 맑음: 창사—헝산
○ 7월 5일. 목요일. 맑음(무더위): 헝산—주저우
○ 7월 6일. 금요일. 비 오고 흐림: 폭우로 터널이 막혀 다시 주저우로 열차로 이동

교장 선생,
배낭 메고 세상과 만나다

○ 7월 7일. 토요일. 맑음: 열차로 시안행

○ 7월 8일. 일요일. 흐린 후 비: 시안 전통상가, 고루, 종루, 대안탑, 시내 관광

○ 7월 9일. 월요일. 비 온 후 갬: 시안 병마용 관람, 란저우행 승차권 예매

○ 7월 10일. 화요일. 비: 시안 황제능, 호구 폭포

○ 7월 11일. 수요일. 연안 팔로군 혁명구지

○ 7월 12일. 목요일. 흐린 후 맑음: 시안—란저우

○ 7월 13일. 금요일. 맑음: 란저우

○ 7월 14일. 토요일. 맑음: 란저우—중웨이

○ 7월 15일. 일요일. 흐림: 중웨이 고묘 안정사, 사파두 사막 공원

○ 7월 16일. 월요일. 맑은 후 비: 중웨이—후허하오터

○ 7월 17일. 화요일. 맑음: 후허하오터

○ 7월 18일. 수요일. 맑음: 후허하오터

○ 7월 19일. 목요일. 비 많이 내림: 후허하오터

○ 7월 20일. 금요일. 맑음: 후허하오터—시린하오터

○ 7월 21일. 토요일. 아침 비: 시린하오터—후룬베이얼

○ 7월 22일. 일요일. 맑음: 하이나얼—후룬베이얼

○ 7월 23일. 월요일. 맑음(태양이 뜨겁고 바람은 시원함): 후룬베이얼

○ 7월 24일. 화요일. 비: 하이나얼, 맑음: 만주리

○ 7월 25일. 수요일. 맑음: 만주리—아리하샤트—만주리

○ 7월 26일. 목요일. 쾌청: 만주리—자바이칼스키—치타

○ 7월 27일. 금요일. 흐림: 치타

○ 7월 28일. 토요일. 맑음: 치타

○ 7월 29일. 일요일. 맑음: 치타 박물관, 오다라 공원

○ 7월 30일. 월요일. 맑음: 치타—쿠엔가—스레텐스크

○ 7월 31일. 화요일. 맑음: 스레텐스크—쿠엔가—틴다

○ 8월 1일. 수요일. 맑음: 틴다

○ 8월 2일. 목요일. 맑음: 틴다 BAM 박물관

- 8월 3일. 금요일. 맑음: 틴다

- 8월 4일. 토요일. 맑음: 틴다─세베로바이칼스크

- 8월 5일. 일요일. 맑음. 세베로바이칼스크

- 8월 6일. 월요일. 흐린 후 비, 흐림: 세베로바이칼스크

- 8월 7일. 화요일. 흐린 후 비, 흐림: 바이칼에서 놀고 15시 06분경 071호 열차로 울란우데로 출발

- 8월 8일. 수요일. 맑음: 00시 10분 레나역 도착. 철로 고정 못 습득. 18시 39분경 모스크바로부터 4,515㎞ 떨어진 타이셋에 도착

- 8월 9일. 목요일. 맑음: 06시 20분경 이르쿠츠크에서 출발하여 14시 18분 울란우데 도착. 시내 구경

- 8월 10일. 금요일. 흐림: 울란우데, 울란바토르 간 버스 승차권 구입

- 8월 11일. 토요일. 맑음: 울란우데

- 8월 12일. 일요일. 맑음(소나기): 울란우데

- 8월 13일. 월요일. 몽골 국경 통과. 울란바토르 시티 게스트하우스

- 8월 14일. 화요일. 맑음: 울란바토르 시내 관광, 몽골 트레블 게스트하우스

- 8월 15일. 수요일. 맑은 후 비: 칭기즈칸 동상, 테렐지 자연공원, 개구리 바위, 아라팔야 사원

- 8월 16일. 목요일. 맑음: 울란바토르

- 8월 17일. 금요일. 맑음: 울란바토르, 달란자드가드

- 8월 18일. 토요일. 맑음: 달란자드가드 고비─욜린 암(수염수리 협곡)

- 8월 19일. 일요일. 맑음: 고비─홍골라 엘스(노래하는 모래 언덕)

- 8월 20일. 월요일. 맑음: 고비─반얀 작(불타는 절벽)─달란자드가드

- 8월 21일. 화요일. 맑음: 울란바토르

- 8월 22일. 수요일. 맑음: 울란바토르

- 8월 23일. 목요일. 맑음: 울란바토르

- 8월 24일. 금요일. 맑음: 울란바토르─부산